Impulse Physik 5|6

für die Klassen 5/6 im
achtjährigen Bildungsgang
der Gymnasien
in Niedersachsen

Neubearbeitung von

Wilhelm Bredthauer
Klaus Gerd Bruns
Manfred Grote
Harald Köhncke

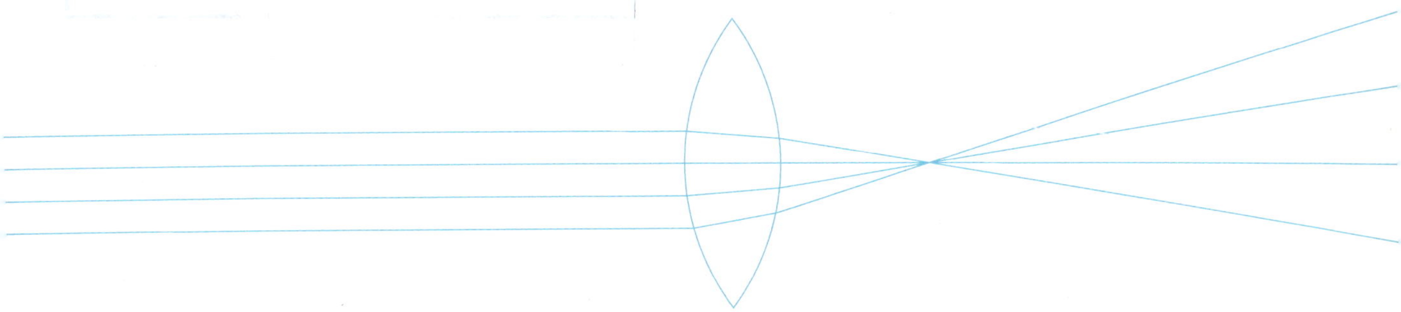

Ernst Klett Verlag
Stuttgart · Leipzig

1. Auflage 1 7 6 5 4 3 | 16 15 14 13 12

Alle Drucke dieser Auflage sind unverändert und können im Unterricht nebeneinander verwendet werden.
Die letzten Zahlen bezeichnen jeweils die Auflage bzw. das Jahr des Druckes.

Das Unterrichtswerk **Impulse Physik 5/6, Niedersachsen G8** wurde auf der Grundlage der bisherigen Ausgaben **Impulse Physik Mittelstufe** und **Impulse Physik Band 1, Niedersachsen** von Wilhelm Bredthauer, Klaus Gerd Bruns, Manfred Grote und Harald Köhncke verfasst.
Entstanden in Zusammenarbeit mit dem Projektteam des Verlags.

Einbandgestaltung: normaldesign GbR, Maria und Jens-Peter Becker, Schwäbisch Gmünd.
Gestaltung: B2 Büro für Gestaltung, Andreas Staiger, Stuttgart.
Grafiken: Alfred Marzell, Schwäbisch Gmünd; Joachim Hormann, Stuttgart; Tom Menzel, Rohlsdorf; Gerhart Römer, Ihringen a. K.; Andreas Staiger, Stuttgart.
Reproduktion: Meyle + Müller, Medien-Management, Pforzheim.
Druck: Himmer AG, Augsburg.
Printed in Germany.

ISBN: 978-3-12-772442-4

9 783127 724424

Hinweise zur Gliederung des Buches

Dieses Buch soll Schüler und Lehrer durch den Physikunterricht begleiten. Es will den Unterricht mit seinen Experimenten nicht ersetzen, doch bietet es die Möglichkeit, den Lernstoff selbstständig nachzuarbeiten. Ferner enthält es interessante Zusatzinformationen und gibt zahlreiche Anregungen, um selbst zu forschen.

Die Seiten im Buch sind so gestaltet worden, dass ein rascher Überblick über deren Inhalt und den Gedankengang möglich ist. Dabei werden die Informationen nur mit den notwendigen Begriffen angeboten, um Schwierigkeiten zu vermeiden. Dies kann und soll eine Erarbeitung nach eigenen Bedürfnissen nicht ersetzen.

Vorhaben
Gelber Balken über die ganze Seitenbreite. Mit projektartigen Fragestellungen kann der Stoff selbstständig, etwa in Kleingruppen, erarbeitet werden. Die Lehrkraft sollte organisatorische und inhaltliche Hilfestellung bieten. Die Stoffreihenfolge wird dann von den Anforderungen beim Lösen bestimmt.

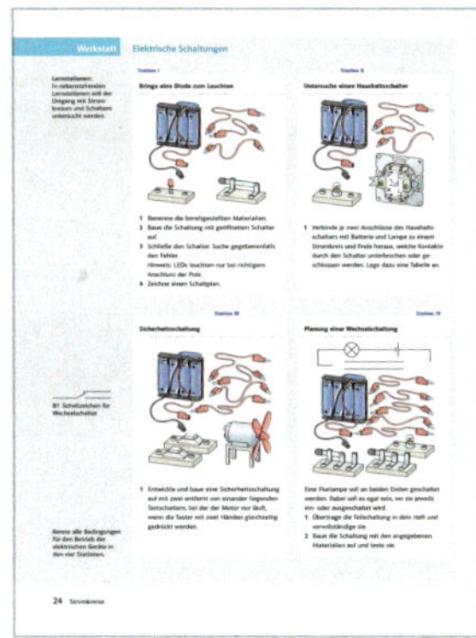

Werkstatt / Kompetenz
Graublauer Hintergrund, blaue Fahne mit Schriftzug „Werkstatt" bzw. „Kompetenz".
Inhalt: Beschreibung der grundlegenden Arbeitsmethoden und Vorgehensweisen der Physik sowie Anleitungen zu selbstständigem Arbeiten und Experimentieren.

Kapitelbeginn
Abbildung mit Phänomen aus dem Kapitelinhalt über die ganze Seitenbreite. Darüber Kapitelüberschrift (siehe Inhaltsverzeichnis); die Überschrift wird auf jeder der folgenden Seiten unten bei der Seitenzahl wiederholt.
Inhalt: Verschiedene Probleme, die zum folgenden Stoff hinführen.

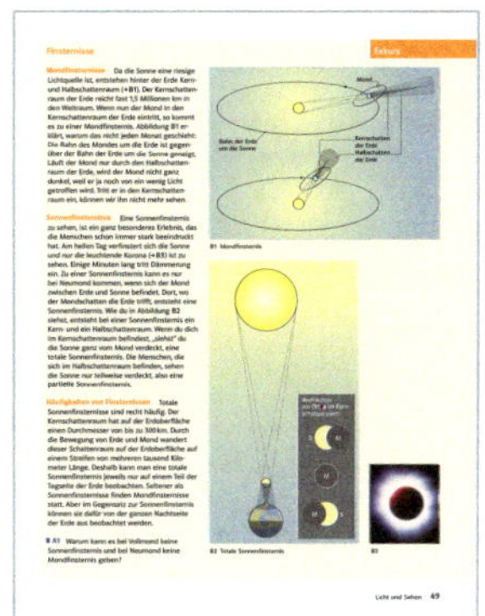

Ergänzungen
Abschnitte oder ganze Seiten auf hellem Hintergrund. Orangefarbene Fahne mit Schriftzug „Exkurs".
Inhalt: Weiterführender Stoff sowie Zusatzinformationen zu Kontexten aus Umwelt, Medizin und Naturwissenschaften, Technik und Geschichte.

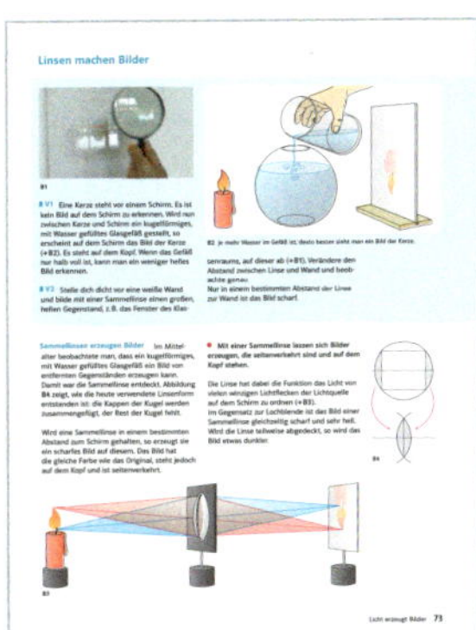

Versuche
Hellblauer Hintergrund.
Inhalt: Beschreibung der grundlegenden Versuche, Beobachtungen und Messergebnisse. Anschließend Grundwissen ohne gesonderte Kennzeichnung.

Grundwissen
Inhalt: Problemgeschichte mit Begriffsdefinitionen, Erklärungen und Folgerungen aus Experimenten, Merksätzen und Fragen.

Rückblick
Am Ende eines Kapitels befinden sich, auf blauem Hintergrund und mit „Fahnen" gekennzeichnet, zusammenfassend
- Fragen zum Merkwissen als Rückblick auf die wichtigsten Inhalte zum Selbstprüfen,
- Phänomene, Alltagserscheinungen als Bildfragen,
- Lösungsbeispiele von Musteraufgaben,
- Heimversuche,
- Fragen zu den verschiedenen Unterabschnitten des Kapitels.

Inhaltsverzeichnis

Licht an Grenzflächen 53

Licht erzeugt Bilder 67

Grundregeln für das Experimentieren

Beim Experimentieren muss man besonders sorgfältig und vorsichtig sein. Lies dir zuerst die Versuchsbeschreibung durch. Beginne mit dem Experimentieren erst, wenn dir die auszuführenden Tätigkeiten klar sind. Führe die einzelnen Schritte eines Experiments immer in der richtigen Reihenfolge aus.

Melde es sofort dem Lehrer, wenn dir etwas unklar ist oder etwas Unerwartetes geschieht. Achte darauf, dass deine Versuchsaufbauten nicht umkippen können. Trage stets die notwendige Schutzkleidung. Informiere dich darüber, wo der Erste-Hilfe-Kasten und der Feuerlöscher stehen. Du solltest mit diesen Hilfsmitteln auch umgehen können.

Schutz vor Verbrennungen:
Versuch beendet – Brenner aus!

Schutz vor elektrischen Schlägen:
Nur Spannungen bis 24 V verwenden!

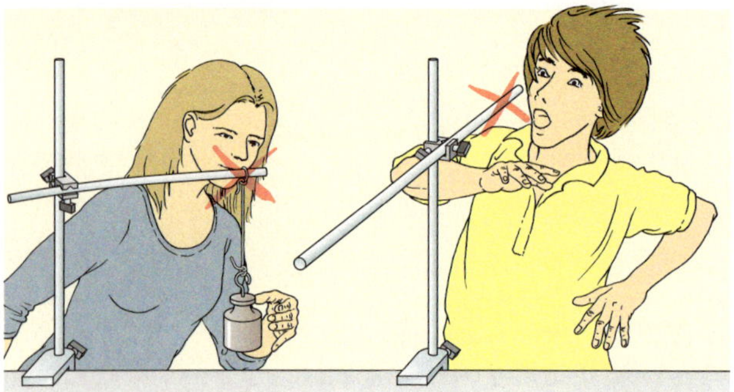

Schutz vor Verletzungen:
Versuch sorgfältig und überlegt aufbauen!

Schutz vor Vergiftung und Verätzung:
Chemikalien richtig aufbewahren und vorsichtig benutzen!

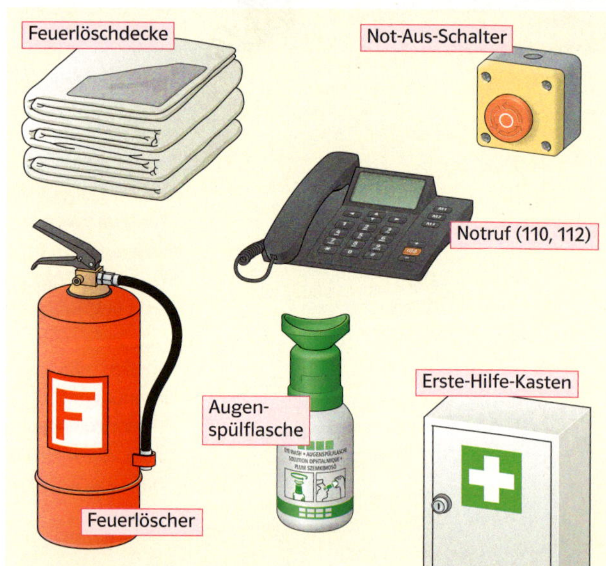

Und wenn doch etwas passiert ...
Ruhe bewahren!
Sofort Lehrerin oder Lehrer informieren!
Hauptschalter bzw. Haupthahn sofort abdrehen!
Bei größeren Unfällen sofort Notruf:
Feuerwehr 112
Polizei 110
Erste Hilfe leisten!

Gefahrensymbole für die Hauptgefahren eines Stoffes:

explosiv	entzündbar	entzündend wirkend	unter Druck stehend(e Gase)	ätzend, reizend, korrosiv	akut toxisch	reizend, sensibilisierend	krebserzeugend, erbgutverändernd	gewässergefährdend

Magnetismus

Was hält die Teile zusammen?

Magnete

V1 Halte einen Magnet in eine Kiste mit Messingschrauben. Wiederhole den Versuch mit einer Kiste gefüllt mit Eisennägeln.

Beobachte und vergleiche (→ **B1**). Nur die Nägel aus der zweiten Kiste werden angezogen.

V2 Bringe eine Büroklammer zum Schweben wie in Abbildung **B3**. Büroklammer und Magnet berühren sich nicht.

V3 Untersuche das Verhalten zweier Magnete untereinander wie in Abbildung **B2**. Je nachdem, welche Enden der Magnete aneinander gehalten werden, ist eine Anziehung oder Abstoßung zu beobachten.

B1 Messingschrauben (links), Eisennägel (rechts)

B2

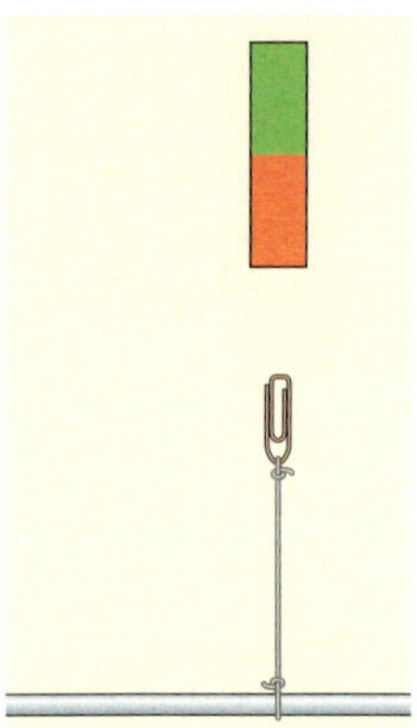

B3

Beobachtungen mit Magneten

Magnete gibt es in vielen verschiedenen Formen (→ **B4**). Sie ziehen manche Gegenstände an, andere nicht. Zum Beispiel werden Nägel und Schrauben aus Eisen angezogen, solche aus Messing nicht. Genauere Untersuchungen zeigen, dass nur Gegenstände, die bestimmte Metalle enthalten, angezogen werden.

● **Magnete wirken nur auf Gegenstände, die Eisen, Cobalt oder Nickel enthalten.**

Magnete beeinflussen sich auch untereinander. Sie können sich gegenseitig anziehen oder abstoßen. Dies hängt bei Stabmagneten davon ab, welche Enden der Magnete sich gegenüber stehen. Wir beobachten die magnetische Wirkung auch, wenn sich die Gegenstände nicht berühren (→ **B2, B3**).

A1 Kai ist durch ein Missgeschick der Haustürschlüssel in einen Gully gefallen. Die Abbildung **B5** zeigt, welche Idee Kai hat. Beschreibe seine Idee und prüfe mit verschiedenen Schlüsseln, ob es klappt.

A2 Zwei Metallstücke sehen genau gleich aus. Eines ist ein Magnet und das andere ist kein Magnet. Beschreibe, wie du den Magnet herausfinden kannst.

B4 Alltagsmagnete

B5

Das schreibe ich mir auf

Stell dir vor, du willst einen spannenden Versuch nach einem Jahr wiederholen. Vielleicht weißt du dann nicht mehr, welches Material du benötigt hast und wie du genau vorgegangen bist. Der Ablauf und die Ergebnisse eines Versuchs lassen sich leichter nachvollziehen, wenn man sie in einem Versuchsprotokoll notiert.

Unten siehst du das Protokoll zu einem Versuch mit Münzen und einem Magnet.

Lies das Protokoll, führe den Versuch selbst durch und überprüfe Beobachtung und Ergebnis.

Versuchsprotokoll

Auf jedes Protokoll gehören **Name** und **Datum**.

Datum: 27.2.2008

Name: Marion Mustermann

Thema: Schreibe auf, worum es geht.

Thema: Welche Münzen werden von Magneten angezogen?

Material: Liste alle benutzten Geräte auf.

Material:
Magnet, Euro- und Cent-Münzen

Zeichne eine Skizze des **Versuchsaufbaus**.

Versuchsaufbau:

Durchführung: Beschreibe, wie du vorgegangen bist.

Durchführung:
Der Magnet wird von allen Seiten an die Münze gehalten, um zu prüfen, ob er sie anzieht. Die Beobachtungen werden in einer Tabelle notiert.

Beobachtungen: Notiere, was du gesehen oder festgestellt hast.

Beobachtung:

Münzen	werden angezogen	werden nicht angezogen	Münzen	werden angezogen	werden nicht angezogen
1 Cent	X		20 Cent		X
2 Cent	X		50 Cent		X
5 Cent	X		1 Euro	X	
10 Cent		X	2 Euro	X	

Ergebnis: Gib an, was du entdeckt hast.

Ergebnis:
1-Cent-, 2-Cent-, 5-Cent-, 1-Euro- und 2-Euro-Münzen werden vom Magneten angezogen, 10-Cent-, 20-Cent- und 50-Cent-Münzen nicht.
Ob eine Münze angezogen wird oder nicht, hängt davon ab, aus welchem Material sie besteht.

Magnetpole

B1

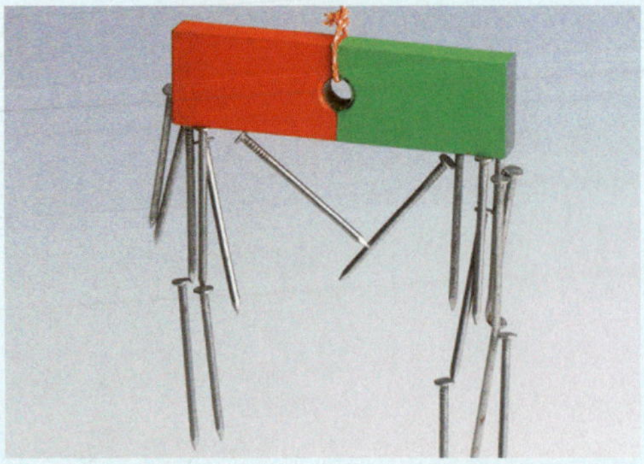

B2

B3

V1 Hänge an die lange Seite eines Stabmagneten möglichst viele Nägel, so dicht wie es geht, nebeneinander. Hänge an diese unten weitere Nägel. Notiere deine Beobachtungen. An den Enden hängen mehr Nägel als in der Mitte (→ **B2**).

V2 Halte zwei gleiche Stabmagnete aneinander und prüfe, welche Seiten sich abstoßen und welche sich anziehen (→ **B3**). Halte die Ergebnisse in einer Tabelle fest:

Magnet 1	Magnet 2	Beobachtung
rote Seite	rote Seite	Abstoßung
...	...	...

Überprüfe das Ergebnis auch mit anders geformten Magneten.

V3 Hänge einen Stabmagnet frei drehbar auf (→ **B1**). Was stellst du fest? Markiere eine Seite des Magneten, stoße den Magnet an und beobachte wieder. Der Magnet kommt immer in der selben Ausrichtung zur Ruhe.

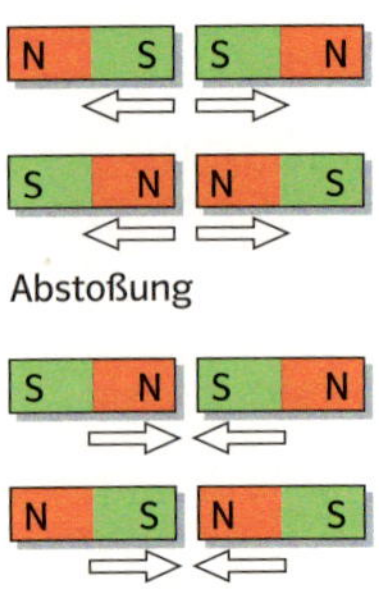

B4 Kraftwirkungen zwischen Magnetpolen

Magnetpole Die Kraftwirkung, die ein Magnet ausüben kann, ist an manchen Stellen des Magneten größer als an anderen. Wird z. B. ein Stabmagnet in eine Schachtel mit vielen Eisennägeln gelegt, so bleiben die meisten Nägel im Bereich der Magnetenden hängen. In der Mitte werden die Nägel dagegen kaum angezogen. An den Enden des Stabmagneten beobachten wir die größten Wirkungen (→ **B2**). Diese Stellen heißen **Pole** des Magneten.

● **Die magnetische Wirkung eines Magneten ist an seinen Polen besonders groß.**

Jeder Magnet hat zwei Pole. Nähert man einen Pol eines Magneten einem Pol eines anderen Magneten, so ziehen sie sich entweder an oder stoßen sich ab. Das hängt davon ab, welche Pole sich jeweils gegenüberstehen (→ **B4**). Dreht man einen Magnet um, so zeigt sich die entgegengesetzte Wirkung. Ein Magnet besitzt also zwei verschiedene Pole. Sie werden üblicherweise mit Rot und Grün gekennzeichnet.

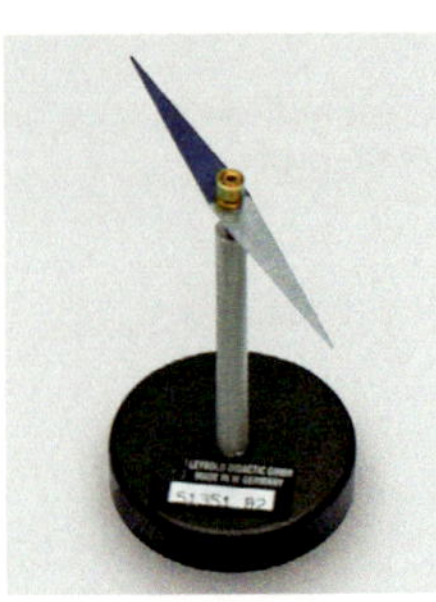

B5 Magnetnadel

Die Beobachtungen zur Kraftrichtung zwischen verschiedenen Polen fassen wir zusammen:

● **Gleichartige Magnetpole stoßen sich ab, verschiedene Magnetpole ziehen sich an.**

Ein um die Mitte drehbar gelagerter Stabmagnet (→ **B1**) reagiert schon auf kleinste Kräfte. Das ist besonders bei einer kleinen **Magnetnadel** (→ **B5**) zu sehen. Sie richtet sich sogleich aus. Aber auch wenn sich kein Magnet in der Nähe einer Magnetnadel befindet, stellt sie sich stets wie ein **Kompass** in Nord-Süd-Richtung ein. Diese Eigenschaft der Magnetnadel nutzt man zur Benennung der beiden Pole:

● **Der Nordpol einer Magnetnadel weist nach Norden, der Südpol nach Süden.**

Dieselbe Benennung erhalten auch die Pole aller anderen Magnete. Ein Pol ist ein Nordpol, wenn er den Südpol der Nadel anzieht oder ihren Nordpol abstößt. Die Farbzuordnung für die Pole kann man sich wie folgt merken: Grün für den Südpol und Rot für den Nordpol.

A1 Bei einem Magnet ist die Lackierung abgeblättert. Beschreibe ein Experiment, mit dem man herausfinden kann, auf welchen Seiten Nord- und Südpol liegen.

Station I

Stärke von Magneten

Material: verschiedene Magnete, Eisennägel

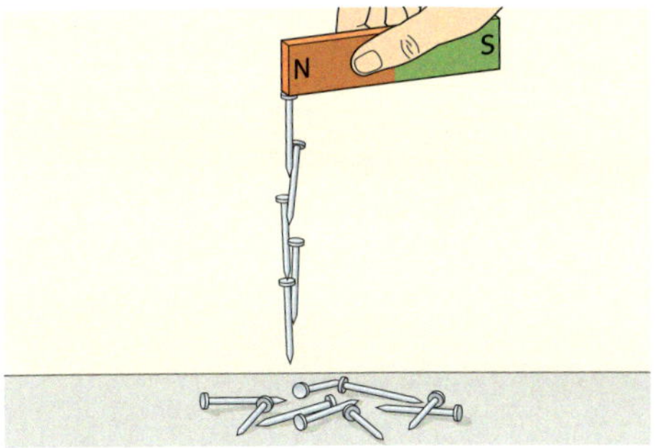

1 Überlege dir ein Experiment, um die Stärke von Magneten zu testen.
2 Beschreibe deine Vorgehensweise, so dass jeder den Versuch wiederholen könnte.
3 Halte die Ergebnisse für die unterschiedlichen Magnete in einer Tabelle fest.

Station II

Reichweite von Magneten

Material: Magnete, Eisennagel (groß), Lineal

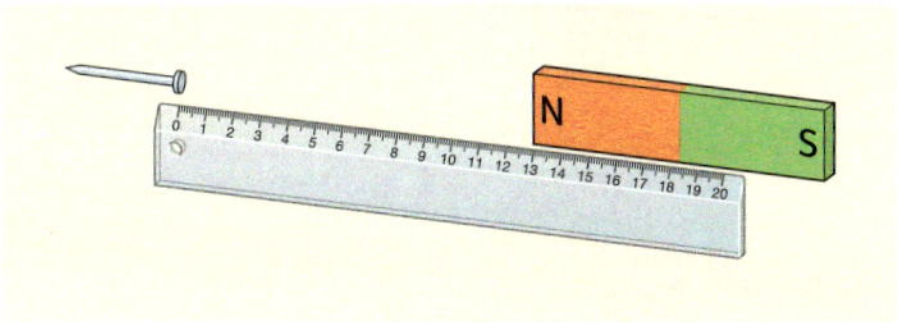

1 Überprüfe für verschiedene Magnete, wie weit ihre Kraft wirkt. Nähere dazu den Magnet langsam einem Eisennagel.
2 Miss mit dem Lineal aus, bei welcher Entfernung der Nagel beginnt, sich auf den Magnet zuzubewegen.
3 Bringe die Magnete in eine Rangfolge entsprechend ihrer Reichweite.

Station III

Magnetwirkung durch Hindernisse

Material: Magnet, Büroklammer, Bindfaden, flache Gegenstände aus unterschiedlichem Material, z. B. Heft, Blech, Eisenplatte, Holzplatte, Kupferplatte, Geodreieck, CD …

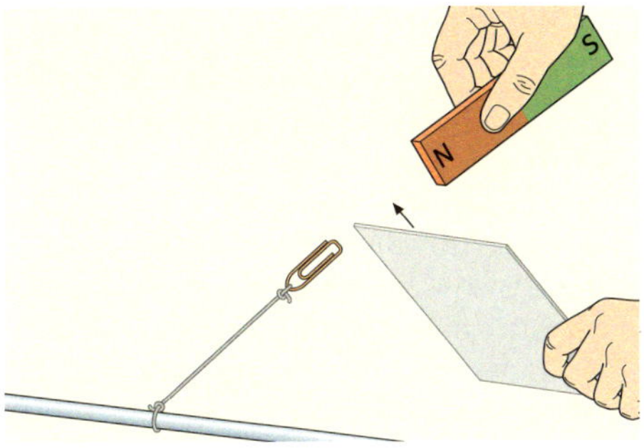

1 Schiebe verschiedene Stoffe zwischen Magnet und Nagel.
2 Liste auf, welche Stoffe die Magnetwirkung verändern.
3 Vergleiche das Ergebnis mit der Liste der Stoffe, die von Magneten angezogen werden.

Station IV

Zusammenfügen von Magneten

Material: 2 Stabmagnete, kleine Eisennägel

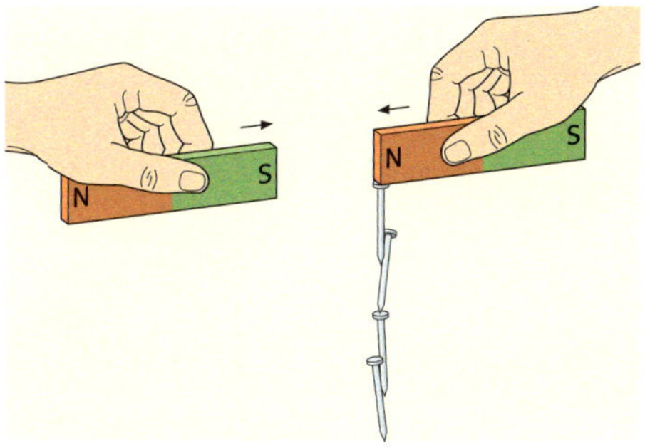

1 Hänge einige Nägel an den Nordpol des ersten Magneten.
2 Nähere nun den Südpol des zweiten Magneten dem Nordpol des ersten, bis die Pole sich berühren.
3 Untersuche, welche Stellen des doppelten Stabmagneten die Nägel besonders gut anziehen.

Lernstationen:
In nebenstehenden Lernstationen werden Eigenschaften von Magneten unersucht. Bildet in der Klasse vier oder acht Gruppen. Jede Gruppe bearbeitet die Aufträge an den Stationen I bis IV. Alle Beobachtungen werden im Heft notiert.

Der Aufbau von Magneten

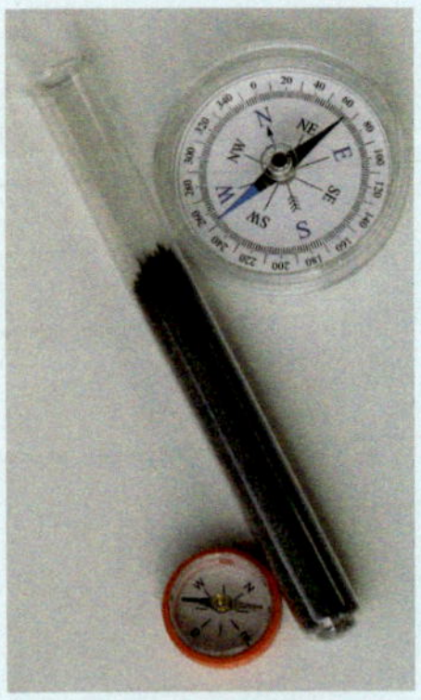

B1

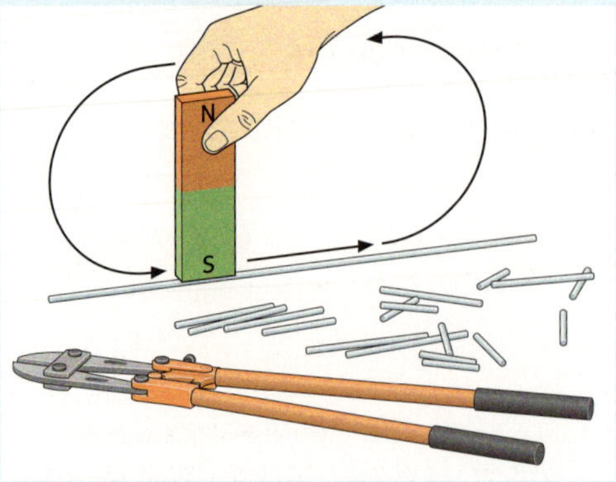

B2

V1 Streiche mehrmals mit einer Seite eines starken Magneten über eine Stricknadel (→ **B2**). Prüfe dann die Stricknadel mit einer Magnetnadel. Die Magnetnadel reagiert wie bei einem Magnet.

V2 Die Stricknadel aus Versuch **V1** wird mit einer Zange in der Mitte durchgekniffen (→ **B2**). Untersuche beide Teile mit der Magnetnadel. Stelle noch kleinere Stücke her und untersuche sie. Jedes Teilstück verhält sich wie ein einzelner Stabmagnet.

V3 Lege die Stücke der Stricknadel aus Versuch **V2** auf eine feste Unterlage und schlage mehrmals mit einem Hammer darauf. Untersuche sie wieder mit der Magnetnadel. Die magnetische Wirkung ist verschwunden.

V4 Fülle ein Reagenzglas mit Eisenfeilspänen (→ **B1**) und streiche wie in Versuch **V1** mehrmals mit einem Magnet an dem Reagenzglas entlang. Du stellst fest, dass sich dieses Reagenzglas danach wie ein Magnet verhält. Wenn du es dann schüttelst, verhält es sich nur noch wie ein Stück Eisen.

Elementarmagnete Wird an einer Stricknadel mehrfach mit einem Magnet entlang gestrichen, so wird sie selbst zum Magnet. Man sagt, sie ist **magnetisierbar**.

Teilt man den Stricknadel-Magnet, so entstehen zwei Magnete. An der Mitte sind jetzt zwei verschiedene Magnetpole.

● **Nord- und Südpol eines Magneten lassen sich nicht trennen.**

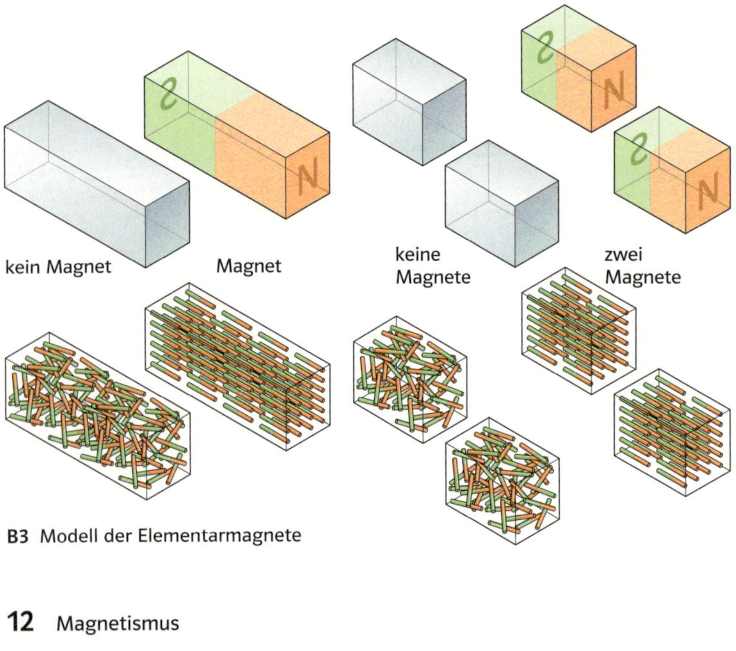

B3 Modell der Elementarmagnete

Zerteilt man die magnetische Stricknadel weiter, so entstehen immer neue Magnete. Wir stellen uns vor, dass die Stricknadel aus lauter kleinen Magneten besteht.

● **Jeder magnetisierbare Stoff besteht aus kleinen Magneten.**

Diese kleinen Magnete heißen **Elementarmagnete**. Sind sie ungeordnet, so heben sich ihre Wirkungen auf. Der Gegenstand ist kein Magnet. Ist dagegen die Mehrzahl der Elementarmagnete in eine Richtung ausgerichtet, so wirkt er als Magnet (→ **B3**).

Schlägt man mit einem Hammer auf einen magnetischen Gegenstand oder setzt man ihn großer Hitze aus, so werden die Elementarmagnete darin durcheinandergebracht. Der Gegenstand wird entmagnetisiert.

Mit dem Modell von den Elementarmagneten können wir auch erklären, dass ein Stück Eisen durch Bestreichen mit einem Magneten selbst zum Magnet wird, denn dabei richten sich die zuvor ungeordneten Elementarmagnete in eine Richtung aus. Es bilden sich ein Nordpol und ein Südpol.

A1 Benutze Versuch **V4**, um die Vorstellungen von den Elementarmagneten zu erklären.

Das Magnetfeld

Magnete üben Kräfte aufeinander aus, ohne dass sie sich berühren. Die Kraft nimmt mit der Entfernung der Magnete ab.
Verteilen wir sehr viele Magnetnadeln rund um einen Stabmagnet (→ **B1**), so zeigen die Magnetnadeln einen Weg vom Nord- zum Südpol an. Man sagt: Im Raum um einen Magnet besteht ein **magnetisches Feld**. Dieses magnetische Feld bestimmt, wie sich die Magnetnadeln ausrichten.

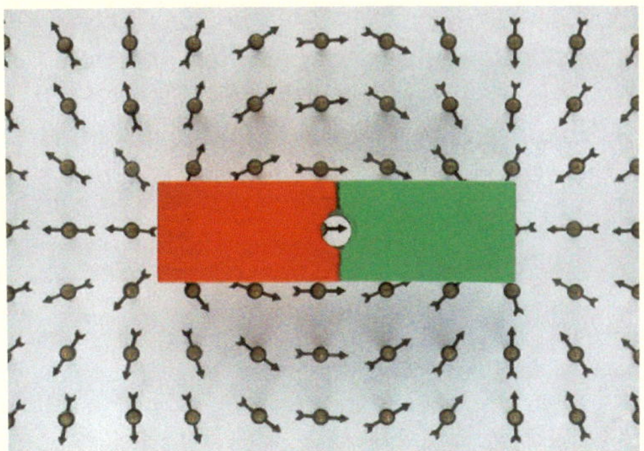

B1 Kleine Magnetnadeln zeigen das Magnetfeld.

Umgekehrt helfen die Magnetnadeln, sich ein Bild von dem magnetischen Feld zu machen. Statt Magnetnadeln kann man auch Eisenfeilspäne verwenden, um das magnetische Feld zu veranschaulichen (→ **B2**).

Gegenstände, die sich in einem Magnetfeld befinden, können durch die magnetische Wirkung beeinflusst werden. Auf Scheckkarten und Computer-Festplatten werden Informationen magnetisch gespeichert (→ **B3**). Diese Informationen können beschädigt oder gelöscht werden, wenn sich der Gegenstand in einem Magnetfeld befindet.

Bleche aus Eisen können die magnetische Wirkung und somit das Magnetfeld abschirmen.

Exkurs

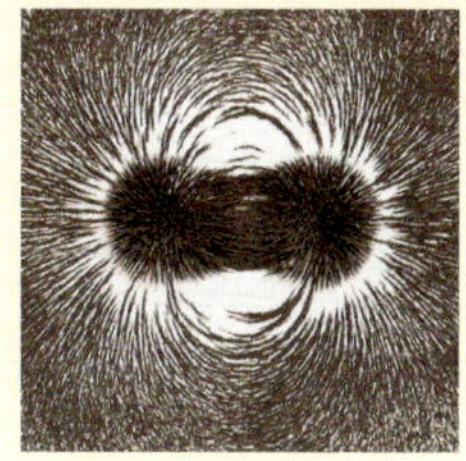

B2

B3 „Magnetstreifen"

Plakate erstellen

Kompetenz

Plakate sind ein sinnvolles Hilfsmittel, um eigene Ergebnisse oder Gelerntes zu präsentieren.
Fertigt zur Wiederholung des Kapitels „Magnetismus" zu zweit oder dritt ein Plakat an. Das Plakat sollte mit Bildern und Text alles, was ihr über Magnete gelernt habt, zusammenfassen. Beachtet dabei:

1 Schreibt groß und deutlich.
2 Stellt nur das Wichtigste auf dem Plakat dar.
3 Ordnet Bilder und Text übersichtlich an.
4 Formuliert die Texte kurz und verständlich.

A1 Die folgende Abbildung zeigt ein noch unvollständiges, verkleinertes Plakat. Übertragt es auf DIN-A3-Format und vervollständigt es.

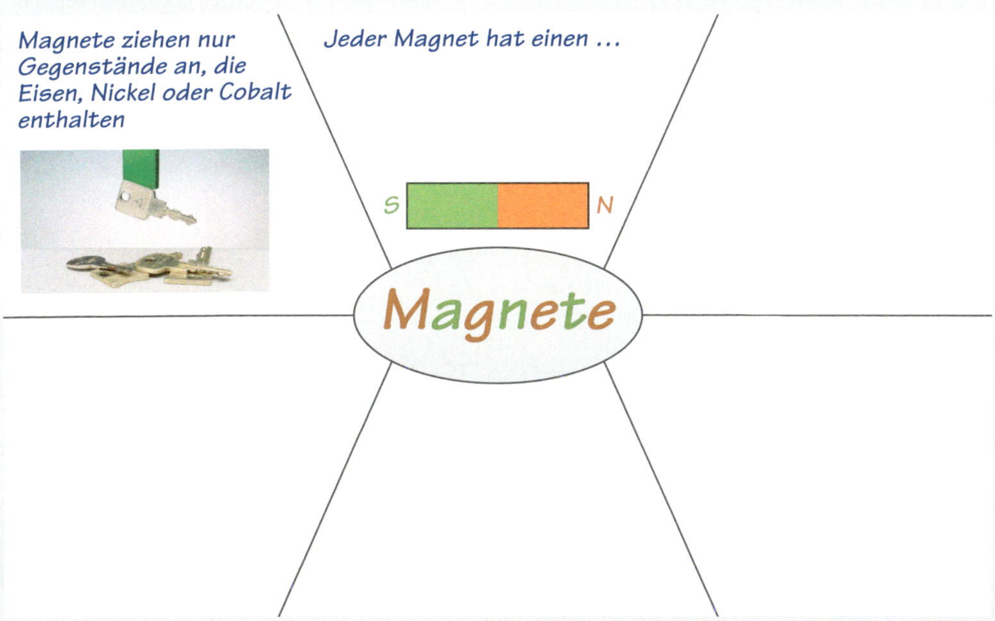

Exkurs

Das Magnetfeld der Erde

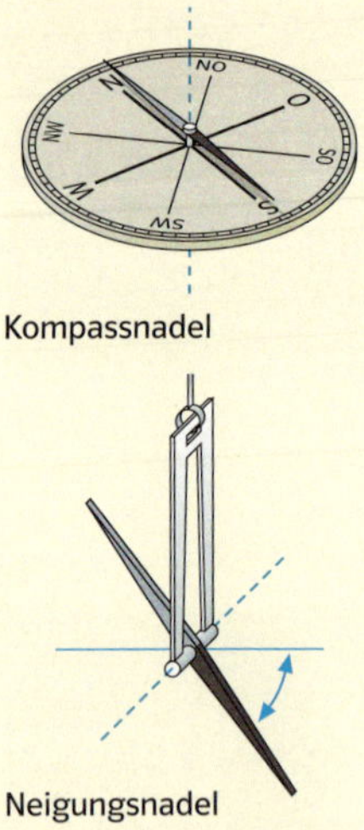

B1 Magnetnadeln zur Messung von horizontaler und vertikaler Richtung des Magnetfeldes

Drehbare Magnete richten sich auf der Erde in Nord-Süd-Richtung aus. Daraus schließt man, dass sich um die Erde ein Magnetfeld befindet, in dem sich diese Magnete ausrichten (→**B2**). Die Pole des Erdmagneten liegen nicht auf der Drehachse der Erde, eine Magnetnadel zeigt also nicht genau die Nord-Süd-Richtung an (→**B3**). Die Abweichung heißt Missweisung des Kompasses; für Orte auf der Linie Stralsund-Leipzig-Chiemsee ist die Missweisung zurzeit Null, westlich davon ist sie nach Westen, östlich davon nach Osten gerichtet. Die Kraftwirkung des Erdmagnetfeldes ist gegenüber der Horizontalen geneigt. Das bedeutet, dass eine Magnetnadel (→**B1**) mit waagerechter Drehachse anzeigt, dass sie mit 63° im Süden und 69° im Norden Deutschlands in den Boden „zeigt".

Der nach Norden weisende Pol der Magnetnadel heißt Nordpol. Daraus folgt:

● **In der Nähe des geografischen Nordpols der Erde liegt der magnetische Südpol, der magnetische Nordpol befindet sich in der Nähe des geografischen Südpols der Erde.**

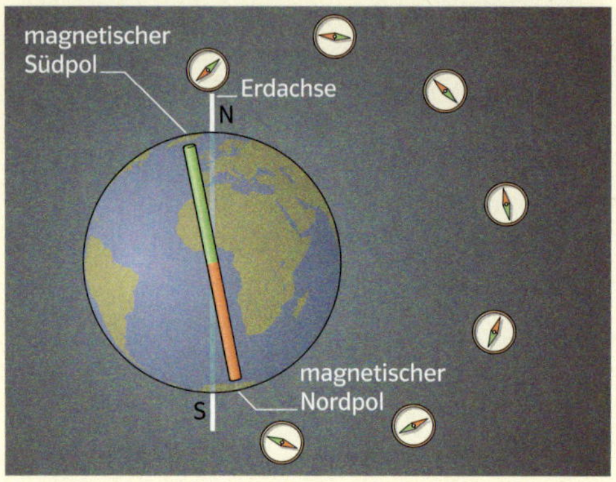

B2

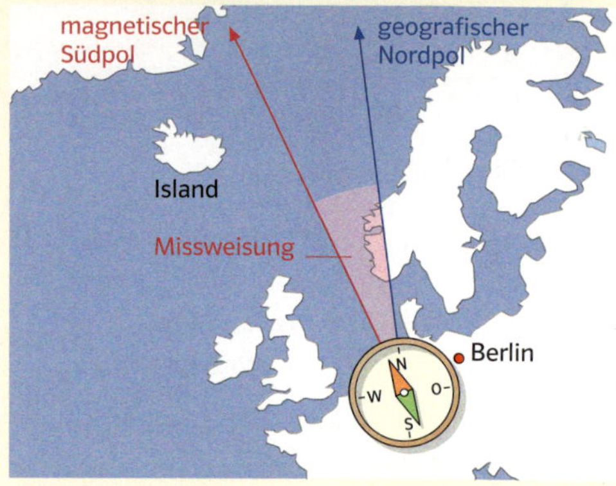

B3 Missweisung durch das Magnetfeld

Das Erdmagnetfeld ändert sich

Messungen zeigen, dass der Südpol des Erdmagneten im Norden Kanadas liegt und etwa 1140 km vom geografischen Nordpol entfernt ist. Er wandert jährlich etwa 7,5 km in nördliche Richtung (→**B4**). Der magnetische Nordpol in der Antarktis wandert jährlich etwa 10 km in nordwestliche Richtung. Zurzeit nimmt die Stärke des Magnetfeldes jährlich ab.

Das Magnetfeld entsteht vermutlich durch elektrische Ströme im flüssigen Erdkern in mehr als 2900 km Tiefe, man spricht vom Geodynamo. Einen kleinen Beitrag leistet auch die Atmosphäre durch elektrisch geladene Teilchen aus dem Sonnenwind. Schwankungen der Sonnenaktivität sind vor allem Ursache für die kurzzeitige Änderung des Magnetfeldes der Erde.

Kühlt sich flüssige Lava nach einem Vulkanausbruch ab, so entstehen im Gestein eisenhaltige Kristalle. Diese werden beim Abkühlen durch das gerade vorhandene Erdmagnetfeld magnetisiert. Sie geben Auskunft über die Richtung des Erdmagnetfeldes vergangener Zeiten. Dabei zeigt sich, dass sich die Polung des Erdmagnetfeldes in den letzten 100 Millionen Jahren mindestens 170-mal geändert hat.

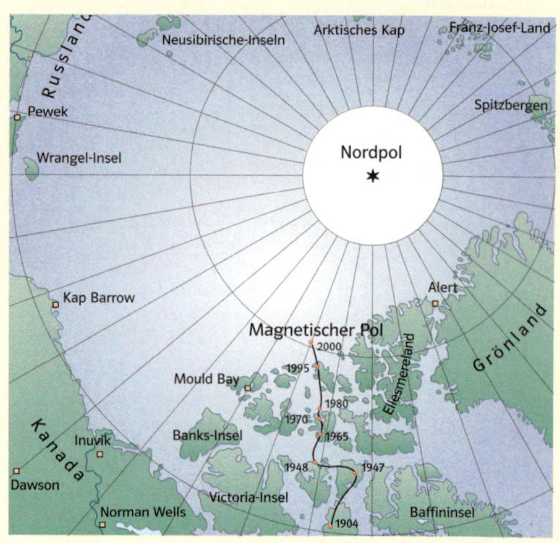

B4 Der magnetische Südpol auf Wanderschaft

Wir arbeiten mit dem Kompass

Hänsel und Gretel hätten im Märchen aus dem dunklen Wald leichter herausfinden können, wenn sie einen Kompass besessen hätten. Allerdings hätten sie dann auch noch die Richtung wissen müssen, in der ihr Zuhause liegt, denn automatisch führt ein Kompass auch nicht heim.
Wir bauen zunächst ganz einfache Kompasse selbst und arbeiten danach mit einem richtigen Kompass.

Das brauchst du: einen Magnet, einige Nadeln, Briefklammern, einen Flaschenkorken, einen Marschkompass, eine Wanderkarte

V1 Magnetisiere eine Briefklammer oder eine Nadel wie in Abbildung **B4**! Befestige sie dann nach Abbildung **B1a** auf dem Korken bzw. stecke sie durch ein Stückchen Korken (→ **B1b**)! Fertig ist der Kompass!

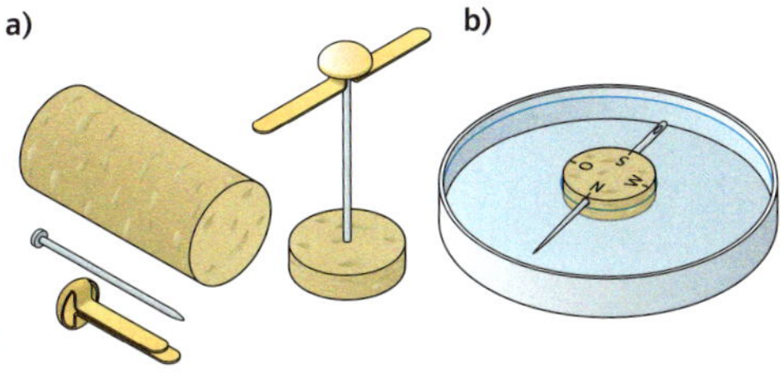

B1 Selbstbau-Kompasse

V2 Ein echter Marschkompass (→ **B2**) besteht aus einer Magnetnadel, einer drehbaren Skala, einem Spiegel im Deckel und einer Visiereinrichtung (Kimme und Korn). Drei Aufgaben kannst du mit einem Kompass lösen:

a) Einnorden: Wenn du erkennen willst, in welcher Himmelsrichtung die Orte liegen, musst du die Karte einnorden. Lege dazu die Kante des Kompasses an den Kartenrand oder eine Gitterlinie (→ **B3**)! Drehe nun die Karte so, dass die Magnetnadel in Nord-Süd-Richtung zeigt! Die drehbare Skala kann zur Korrektur des Unterschieds der Lage von geografischem Nordpol und Magnetpol benutzt werden.
Man nennt diesen Unterschied magnetische Missweisung. Die Missweisung ist in Deutschland jedoch so klein, dass du sie nicht beachten musst.

b) Richtung gegeben – Marschzahl gesucht: Bei Geländespielen will man manchmal einen bestimmten Weg in Marschzahlen „übersetzen", z. B. um das Versteck eines Schatzes zu verschlüsseln. Visiere dazu einen markanten Punkt im Gelände an! Im Deckspiegel siehst du das Bild der Kompassnadel. Drehe dann die Scheibe mit der Skala so, dass die Enden der Nadel nach Norden bzw. Süden zeigen. Die gesuchte Marschzahl kannst du nun am Marschrichtungszeiger ablesen. Wenn du die Richtung änderst, musst du den nächsten Visierpunkt und damit eine neue Marschzahl suchen.

c) Marschzahl gegeben – Richtung gesucht: Drehe die Scheibe mit der Skala so, dass der Marschrichtungszeiger auf die Marschzahl (→ **B2**) eingestellt wird. Nimm nun den Kompass vor das Auge und drehe dich so lange auf der Stelle, bis die Enden der Magnetnadel wieder nach Norden bzw. Süden zeigen.
Wenn du jetzt über Kimme und Korn, z. B. einen Baum siehst, dann musst du auf diesen Baum zulaufen. Ändert sich nach einer bestimmten Strecke die Marschzahl, dann musst du dir nach derselben Methode ein neues Ziel suchen.

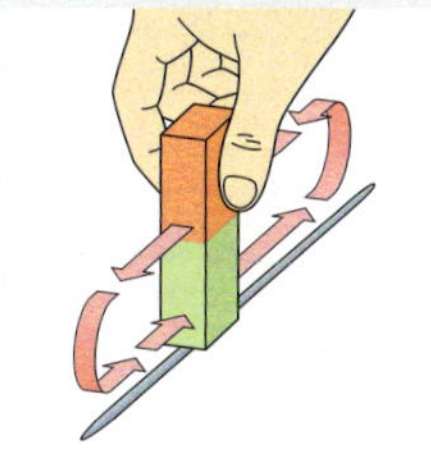

B4 Magnetisierung von Eisen

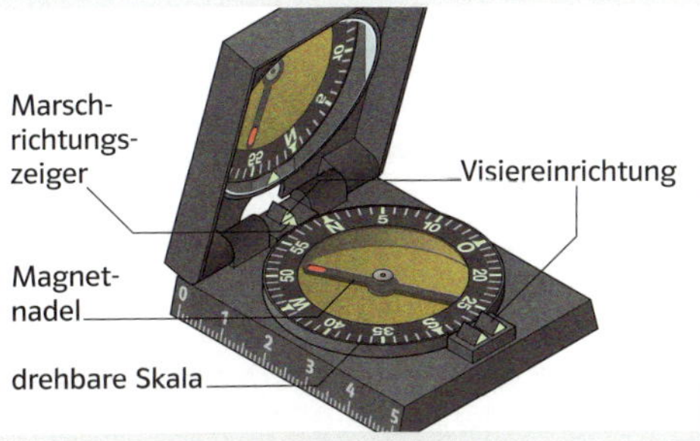

B2 Marschkompass

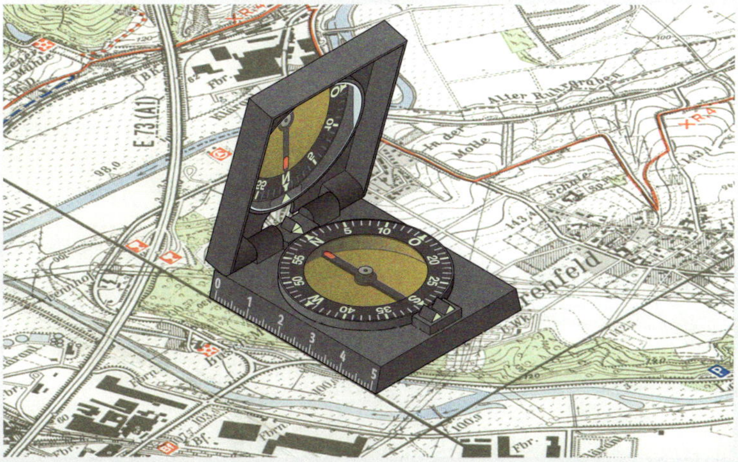

B3 Eine Karte wird eingenordet.

Exkurs

Navigation früher und heute

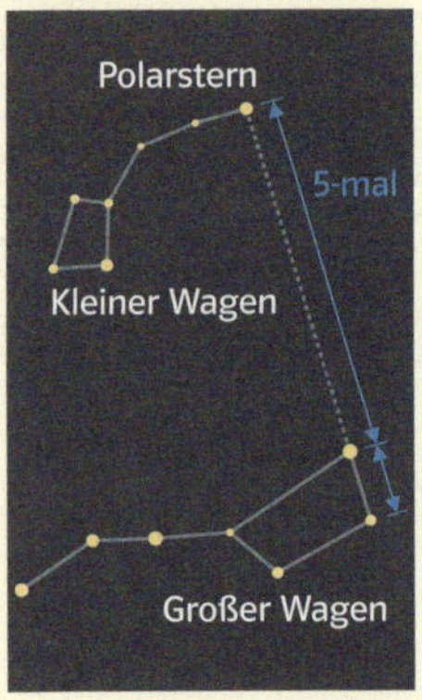

B1

Die ersten Seefahrer wagten sich noch nicht auf das offene Meer hinaus. Sie fuhren nur an der Küste entlang und orientierten sich an Landmarkierungen und Aufzeichnungen.

Orientierung mit Hilfe des Himmels Bereits mehr als tausend Jahre vor Christi Geburt begannen die Menschen damit, Himmelsphänomene als Orientierung zu nutzen. So steht die Sonne bei uns morgens im Osten, mittags im Süden und abends im Westen. Nachts zeigt der Polarstern an, wo Norden ist. Der Polarstern ist ein heller Stern im Sternbild Kleiner Wagen (→ **B1**). Verschiedenste Navigationsgeräte wurden erfunden, um die eigene Position anhand der Sterne möglichst genau bestimmen zu können (→ **B2, B3**). Mit ihrer Hilfe konnte die Frage „Wo bin ich?" beantwortet werden.

Erfindung des Kompasses Wahrscheinlich wurde der Kompass im 11. Jahrhundert in China erfunden. Etwas später wurde er auch in Europa bekannt. Mit dem Kompass lässt sich eine Richtung bestimmen, also eine Antwort auf die Frage „Wo ist mein Ziel?" finden (→ **B5**). Als Kolumbus 1492 Amerika entdeckte, nutzte er dabei vermutlich einen sehr einfachen Kompass, den man mit einer magnetisierten Eisennadel leicht selbst bauen kann.

Moderne Hilfsmittel Seit Beginn des 20. Jahrhunderts verbesserten Funk und Radar die Orientierung weiter. Dabei werden zum Beispiel Signale von mehreren Sendestationen empfangen und aus deren Richtungen die eigene Position berechnet. Eine Bewegungsrichtung kann nur mit einer zweiten Messung angegeben werden.

B2 Astrolabium

B3 Sextant

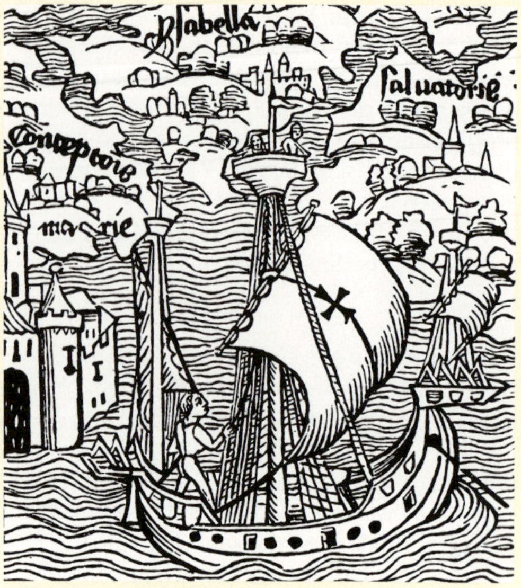
B4 Entdeckung der Antillen durch Kolumbus (aus: Epistola Cristofori Columbi, 1494)

B5 Schiffskompass

B6 GPS-Navigationsgerät in einem Pkw

Nach einem ähnlichen Prinzip funktioniert auch ein GPS-Navigationsgerät, das man heute in vielen Pkw findet (→ **B6**). GPS steht für „Global Positioning System" (engl.: weltweites Ortsbestimmungssystem). Es empfängt die Signale mehrerer Satelliten. Damit kann der Standort auf der Erdoberfläche auf einige Meter genau bestimmt werden.

Rückblick

Auf den vorhergehenden Seiten hast du einige Versuche, neue Begriffe und Erklärungen kennengelernt. Wenn du die folgenden Aufgaben bearbeitest, erstellst du dir selbst eine Zusammenfassung des Kapitels und kannst überprüfen, ob du das Wichtigste verstanden hast. Bist du an einer Stelle unsicher, dann sieh auf den vorangehenden Seiten nochmals nach.

1 Begriffe

Was versteht man unter
- einem Magnet?
- Magnetpolen?
- einem Kompass?
- einem Magnetfeld?
- einem Elementarmagnet?

2 Beobachtungen

Was beobachtet man, wenn man
- einen Magnet einem Stück Aluminium, einer Glasscheibe, einem Eisennagel und einem anderen Magnet nähert?
- einen Magnet einem zweiten, beweglichen Magnet nähert?
- eine magnetische Nadel zerbricht und die magnetischen Eigenschaften der Teile untersucht?

3 Erklärungen

Wie lässt sich begründen, dass
- die Pole eines Magneten Nord- und Südpol heißen?
- ein Magnet aus einem Eisenstück einen zweiten Magnet machen kann?
- sich eine frei drehbare Magnetnadel stets in Nord-Süd-Richtung einstellt?
- eine Kompassnadel von einem Körper aus Eisen abgelenkt wird?

4 Gesetzmäßigkeiten

Beschreibe mit eigenen Worten
- die Regeln für die Anziehung und Abstoßung zweier Magnetpole.
- die Lage der Magnetpole, wenn man sich die Erde als Stabmagnet vorstellt.
- wie man die Wirkung eines Magneten abschirmen kann.

Erläutere die Erscheinungen in den folgenden Bildern und bearbeite die Aufgaben!

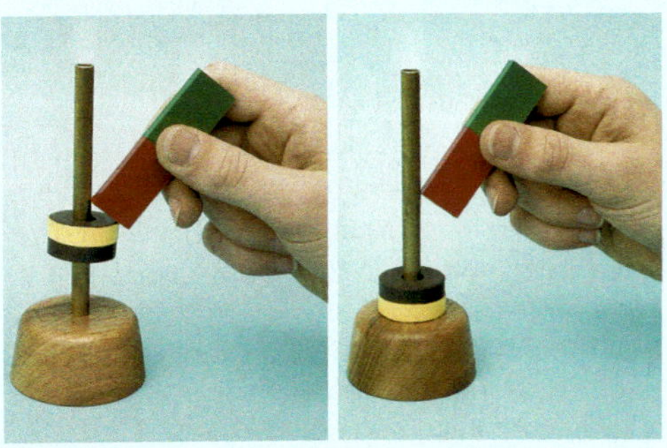

B1 Finde eine Erklärung für den Unterschied.

B2 Was zeigt das Bild mit den Eisenfeilspänen?

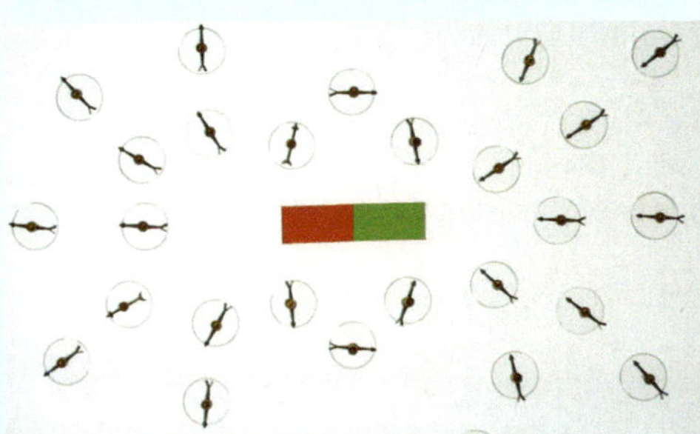

B3 Beschreibe das Verhalten der Magnetnadeln.

B4 Was ist das für ein Gerät? Beschreibe Aufbau und Funktionsweise.

B5 Wieso wird dieses Warnschild gedruckt?

Heimversuche

Der Kühlschrank schließt dicht Untersuche die Kühlschranktür. Sie schließt ohne Schloss! Halte Büroklammern an das Dichtungsgummi rund um die Tür. Erläutere, wie der Verschluss funktioniert und warum er rings um die ganze Tür angebracht ist. Prüfe mit einer Magnetnadel oder einem Kompass, wo die Magnetpole liegen.

Beispiele

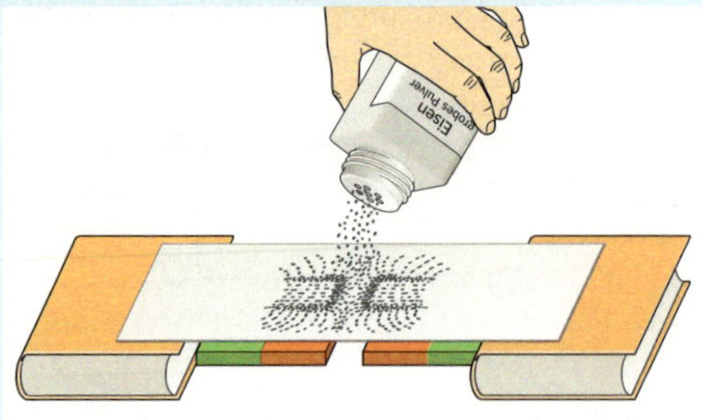

B1

Wie kann das magnetische Feld sichtbar gemacht werden?

Lösung: Lege zwei Magnete mit ihren Nordpolen gegeneinander auf den Tisch. Decke sie mit einem Blatt Papier ab. Streue vorsichtig Eisenfeilspäne auf das Papier. Klopfe leicht auf das Blatt, bis das Magnetfeld deutlich zu erkennen ist.
Fotografiere das Bild und drucke es aus.
Lege die Magnete andersherum und experimentiere auch mit mehreren Magneten.

Aufgaben

Zu Magneten und ihren Wirkungen

1 In manchen Spielzeugen sind Magnete eingebaut. Welche Aufgaben haben sie dort?

2 In welche Richtung bewegt sich der Magnet in Abbildung **B4**?
Was wäre, wenn die Magnetpole nicht gekennzeichnet wären? Wie müsste man vorgehen, um sie zu bestimmen?

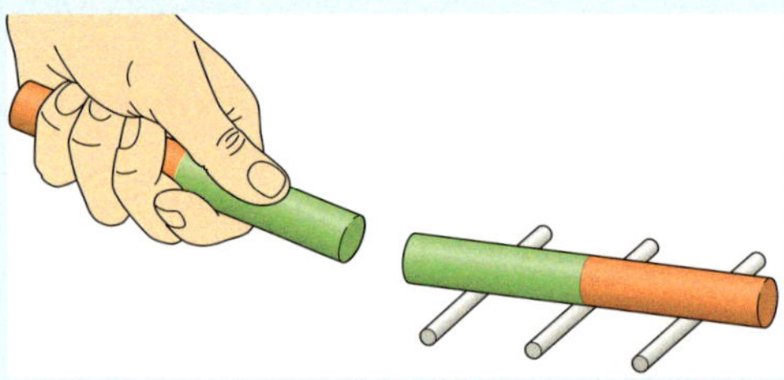

B4

3 a) Von zwei runden, äußerlich gleich aussehenden Eisenstäben, ist einer ein Magnet. Gehe zu einem Mitschüler und lass ihn die Stäbe T-förmig hinlegen! Weshalb kann man beim Wegziehen des einen Stabes feststellen, wer von beiden der Magnet ist (→ **B2**)?
b) Von drei äußerlich nicht zu unterscheidenden Stäben ist einer ein Dauermagnet, zwei sind aus Eisen. Wie kannst du herausfinden, welches der Dauermagnet ist?

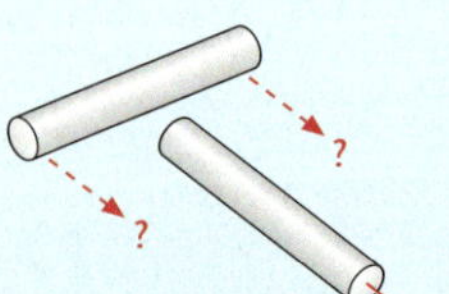

B2 Zu Aufgabe 3

4 Wie kann man die Pole eines nicht gekennzeichneten Magneten finden und identifizieren? Nenne mehrere Möglichkeiten!

5 Erläutere den in Abbildung **B3** gezeigten Versuch, in dem ein durchbohrter Scheibenmagnet über einem anderen schwebt.
Würde der Versuch auch gelingen, wenn der untere Scheibenmagnet umgedreht wird?

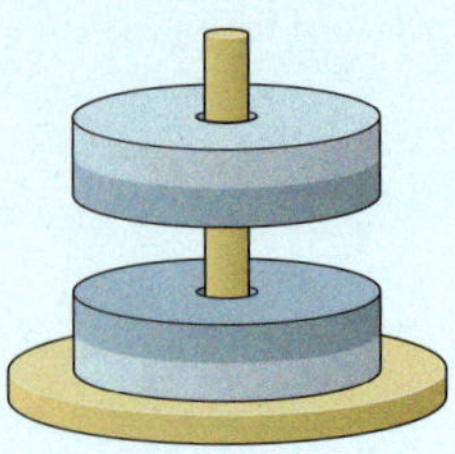

B3 Zu Aufgabe 5

6 Warum sollte man Türen mit Magnetverschluss nicht zu kräftig zuschlagen?

7 Erkläre mit dem Modell der Elementarmagnete, wieso ein Eisenstück im Magnetfeld magnetisch und ohne Magnetfeld wieder unmagnetisch werden kann.

8 „Eigentlich brauche ich den Südpol des Magneten nicht!" denkt sich Sandra. „Ich breche ihn einfach ab!"

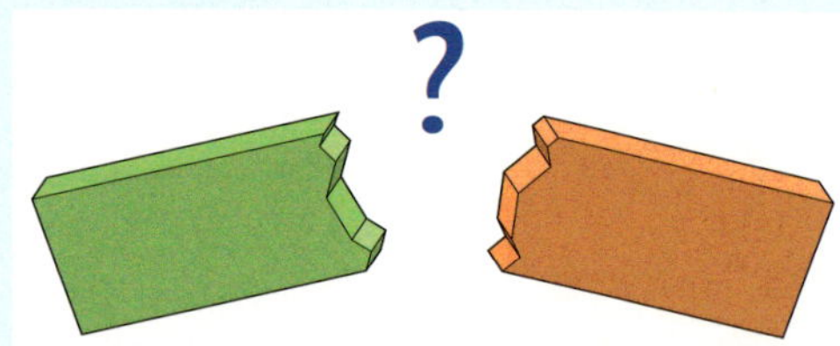

B5

Erkläre Sandra, weshalb das nicht funktioniert. Könnte man einen Magneten mit einem Pol irgendwie anders herstellen?

9 a) Warum kann man in manchen Gebäuden die Himmelsrichtung mit Hilfe eines Kompasses nicht richtig bestimmen?
b) Auch im Freien gibt es Orte, an denen ein Kompass zur Orientierung nichts nützt. Wo befinden sich diese Orte?

10 Das Gehäuse eines Kompasses besteht meist aus Kunststoff. Warum wohl? Nenne andere Stoffe, die dafür geeignet wären!

Weitere Aufgaben

11 a) Der magnetische Südpol liegt etwa auf 76° nördlicher Breite und 102° westlicher Länge. Suche ihn im Atlas oder im Internet! Welche Insel liegt dort?
b) Der magnetische Nordpol liegt auf etwa 65° südlicher Breite und 140° östlicher Länge. Zeichne den Festlandsockel am Südpol und trage die Lage von Südpol und magnetischem Nordpol ein!

Stromkreise

Der Strom fällt aus! Schreibe eine Geschichte.

Anschließen von elektrischen Geräten

VORSICHT! Der Umgang mit elektrischen Quellen kann tödlich sein. Benutze deshalb nie den elektrischen Strom direkt aus der Steckdose! Hantiere nie mit Werkzeugen oder anderen Gegenständen an elektrischen Quellen, auch nicht an Leitungen und Geräten, die mit diesen verbunden werden! Bei den folgenden Versuchen benutzen wir als elektrische Quellen Batterien, bei denen diese Gefahr nicht besteht.

Niemals mit Strom aus der Steckdose experimentieren!

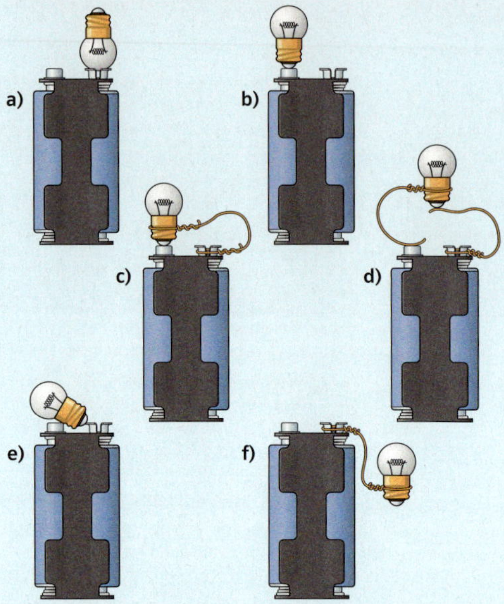

B1 Bringe ein Glühlämpchen zum Leuchten.

V1 Führe die Versuche a) bis f) aus der Grafik **B1** durch und stelle fest, wann das Lämpchen leuchtet! Ersetze den Batteriehalter für zwei Mignonzellen durch einen für vier. Das Lämpchen leuchtet unterschiedlich hell.

B2

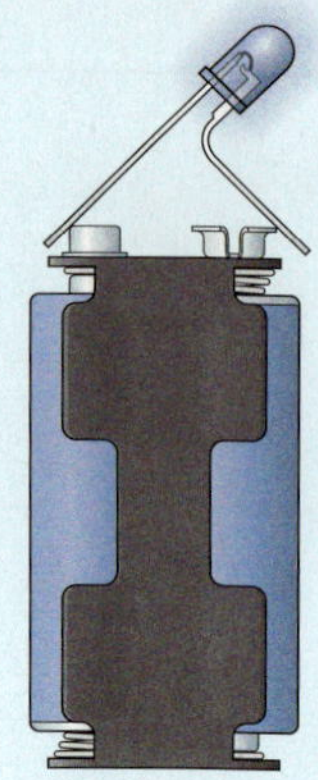

B3

V2 Versuche das Lämpchen wie in Abbildung **B2** zum Leuchten zu bringen! Du brauchst zusätzlich einen Draht.

V3 Schließe 2 Lämpchen an einen einzigen Batteriehalter an! Benutze dabei kein zusätzliches Kabel!

V4 Schließe eine blaue LED an die Kontakte eines Batteriehalters für zwei Mignonzellen (→ **B3**). Vertausche anschließend die Anschlüsse.

Der geschlossene Stromkreis Zum Betreiben eines elektrischen Gerätes (z. B. einer Glühlampe) braucht man eine **elektrische Quelle** (z. B. eine Batterie). Die Quelle sorgt beim Betrieb des Gerätes für elektrischen Strom. Gerät und Quelle haben je zwei Anschlussstellen.

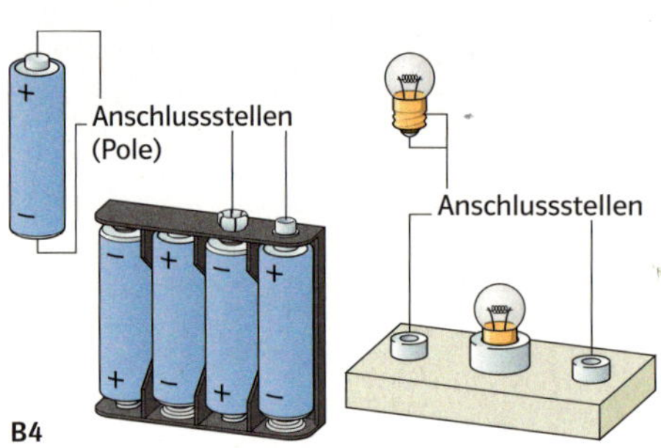

B4

Das Gerät funktioniert nur, wenn je eine Anschlussstelle des Gerätes mit je einer Anschlussstelle der Quelle verbunden ist (→ **B4**). Man spricht von einem geschlossenen **Stromkreis**. Die Verbindungen zwischen Quelle und Gerät bezeichnet man als **Leitungen** und die Anschlussstellen der Quelle nennt man **Pole**. Wir unterscheiden zwei Polarten: Plus (+) und Minus (−). Damit ein LED leuchtet, muss man darauf achten, welcher Anschluss mit welchem Pol verbunden ist.

● **Ein elektrisches Gerät lässt sich nur dann betreiben, wenn es in einem geschlossenen Stromkreis liegt.**

A1 Finde Quelle, Lampe und Leitungen der Beleuchtungsanlage deines Fahrrades. Skizziere den Stromkreis!

Jedes Gerät an die richtige Quelle Wir schließen ein Lämpchen mit der Aufschrift 3,7 V zunächst an einen Batteriehalter für zwei und dann an einen für vier Mignonzellen an. Dasselbe Lämpchen leuchtet bei den unterschiedlichen Batteriehaltern verschieden hell: Bei dem Halter für zwei Mignonzellen leuchtet es normal. Dagegen leuchtet es bei dem Halter für vier Mignonzellen sehr hell und ist nach kurzer Zeit durchgebrannt. Ein 7,0-V-Lämpchen leuchtet dagegen bei dem Halter für vier Mignonzellen normal, bei dem Halter für zwei Mignonzellen nur ganz schwach (→ **B1**).

Eine Waschmaschine funktioniert nicht, wenn man sie an eine Batterie anschließt. Umgekehrt würde das Lämpchen einer Taschenlampe durchbrennen **(Gefahr!)**, wenn man es an die Steckdose anschließen würde.

Die Spannung entscheidet über die richtige Quelle Wie kann man sicherstellen, dass elektrische Quellen und Geräte zueinander passen? Auf elektrischen Quellen und auf den Geräten befinden sich häufig Angaben in **Volt**. Volt ist die Einheit der physikalischen Größe **Spannung**. Eine elektrische Quelle von 6 V (gelesen: 6 Volt) kann eine 7-V-Glühlampe betreiben. Hat die Spannung einer Quelle dagegen einen deutlich kleineren Wert als 7 V, so leuchtet die Lampe kaum oder gar nicht; ist sie erheblich größer als 7 V, so brennt die Lampe durch. Auch ein 230-V-Toaster funktioniert nicht, wenn er an einen Batteriehalter für 6 V angeschlossen wird. Umgekehrt würde ein 7-V-Glühlämpchen platzen, wenn man es an die 230-V-Steckdose anschließen würde.

● **Spannungsangaben (Volt) von elektrischem Gerät und elektrischer Quelle müssen (nahezu) übereinstimmen.**

Die Spannung einer elektrischen Quelle gibt auch an, ob sie für den Menschen gefährlich ist. Batterien und Akkus besitzen normalerweise Spannungen zwischen 1,5 V und 9 V. Sie sind ungefährlich für den Menschen. Dagegen können elektrische Quellen mit Spannungen über 24 V lebensgefährlich sein! Man darf nie mit Werkzeugen oder anderen Gegenständen an Steckdosen hantieren, auch nicht an Leitungen und Geräten, die mit diesen verbunden sind.

A1 Teile die Bilder in Abbildung **B2** in elektrische Quellen und elektrische Geräte ein.

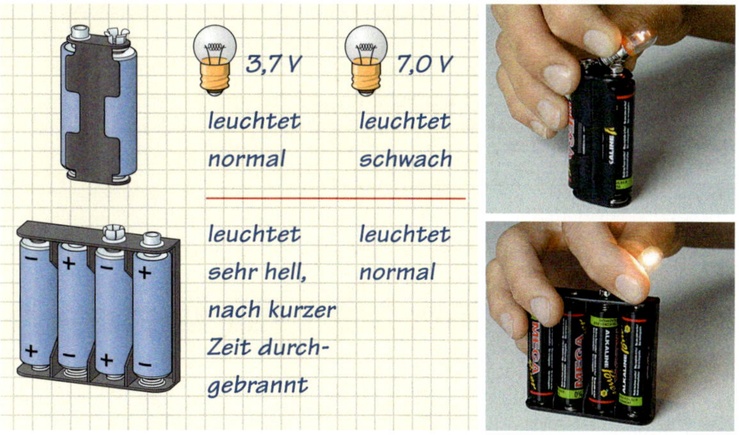

B1 Welche elektrische Quelle passt zu welcher Glühlampe?

B2 Elektrische Quellen und Geräte

A2 Welches Gerät in Abbildung **B2** könnte mit welcher elektrischen Quelle betrieben werden? Wo sind die Anschlussstellen?

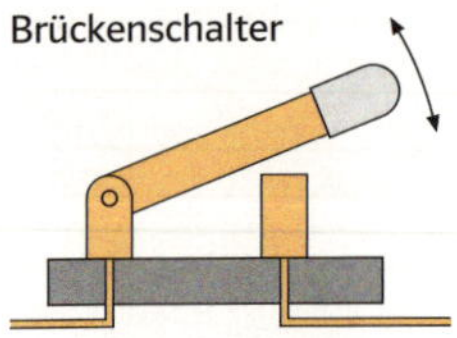

B1 Experimentierschalter

Elektrische Schalter Einen elektrischen Stromkreis kann man bei Bedarf unterbrechen. Will man dies gefahrlos tun, so benötigt man einen **Schalter** (→ **B3**).
Mit dem Schalter kann man den elektrischen Stromkreis öffnen, schließen, wieder öffnen, wieder schließen usw., ohne dass sonst irgendetwas verändert wird.

B3 Verschiedene Schalter

● **Ein elektrisches Gerät kann man nur in einem geschlossenen Stromkreis betreiben. Mit einem Schalter lässt sich ein elektrischer Stromkreis öffnen oder schließen.**

Ist der Stromkreis geschlossen, so ist überall im Stromkreis (d.h. in den Leitungen, im Schalter, im elektrischen Gerät, ...) elektrischer Strom vorhanden. Man sagt auch, der elektrische Strom ist eingeschaltet. Die Schalter in Wohnräumen sehen anders aus als der Experimentierschalter in Abbildung **B1**. Bei diesem kann man mit den Anschlüssen in Berührung kommen. Das darf aber bei elektrischen Stromkreisen, die dem Menschen gefährlich werden können, auf keinen Fall geschehen. Der Stromkreis muss sich gefahrlos öffnen und schließen lassen. Abbildung **B2** zeigt Schalter, bei denen das gewährleistet ist.

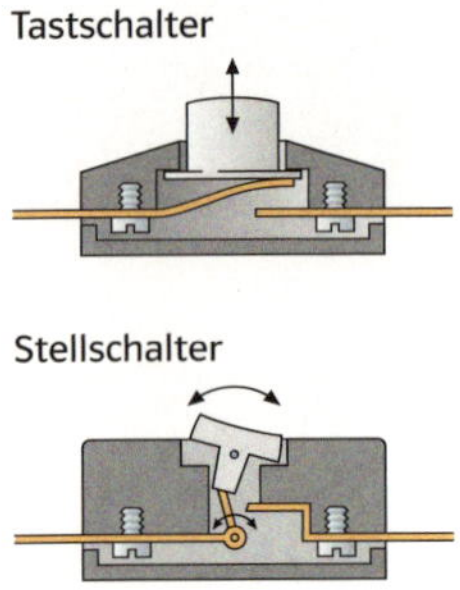

B2

Kompetenz

Von der Schaltung zum Schaltplan

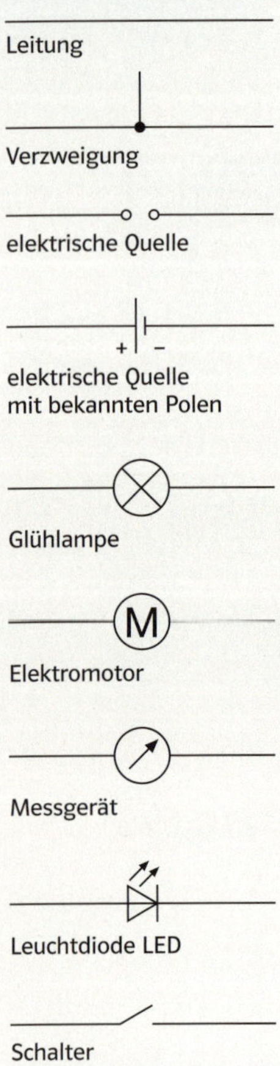

B4 Schaltzeichen

Du sollst einen Versuch aufbauen, bei dem ein kleiner Elektromotor mit einem Schalter ein- und ausgeschaltet wird. Deine Lehrerin oder dein Lehrer kann dir den fertigen Versuchsaufbau zeigen oder dir ein Foto geben (→ **B5**).

Nun kann es sein, dass du nicht genau den gleichen Motor oder nicht den gleichen Schalter zur Verfügung hast. Darauf kommt es aber für den Versuch nicht an. Es muss nur sichergestellt sein, dass der Motor an der Batterie betrieben werden kann und dass der Schalter ein einfacher Ein- und Ausschalter mit zwei Anschlüssen ist. Daher reicht auch eine Zeichnung für deinen Versuchsaufbau (→ **B6**).

Diese Zeichnung zeigt dir, wie die einzelnen Bestandteile zu einer Schaltung miteinander verbunden werden. Dazu genügt sogar eine noch viel einfachere Zeichnung: ein **Schaltplan** (→ **B7**).

● **Ein Schaltplan gibt einen Überblick darüber, wie die Bauteile in einer elektrischen Schaltung miteinander verbunden sind.**

In einem Schaltplan verwendet man bestimmte festgelegte Zeichen für die Bauteile (→ **B4**). Die Verbindungen zeichnet man grundsätzlich mit dem Lineal. Dabei laufen die Leitungen parallel oder senkrecht zueinander.

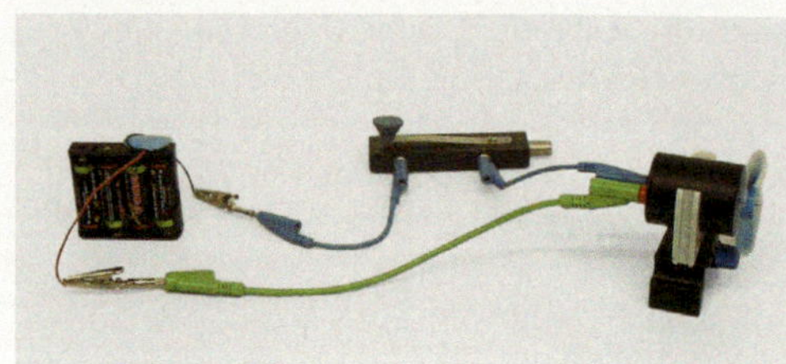

B5 Versuchsaufbau

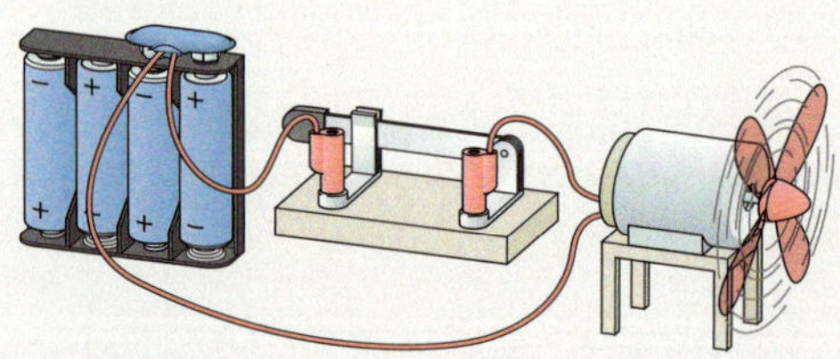

B6 Zeichnung des Versuchsaufbaus

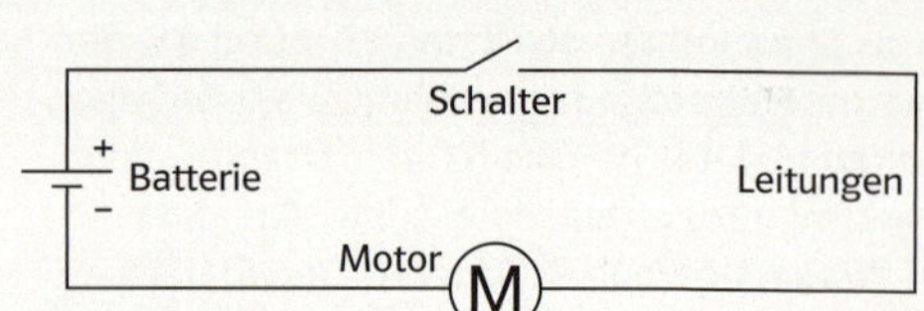

B7 Schaltplan

A1 Zeichne einen Schaltplan für den Betrieb zweier Lämpchen in einem Stromkreis.

Reihen- und Parallelschaltung

V1 Verbinde zunächst zwei, dann drei Lämpchen in Fassung hintereinander mit einer 6-V-Batterie zu einem Stromkreis. Bei der Anordnung mit zwei Lämpchen leuchtet jedes heller als bei der mit drei Lämpchen. Nimmst du eine 9-V-Batterie, leuchten auch die drei Lämpchen hell. Drehst du ein Lämpchen heraus, erlöschen auch die anderen.

V2 Baue einen Stromkreis mit einem Lämpchen in Fassung und einer Batterie. Schalte dann ein zweites und drittes Lämpchen mit eigenem Stromkreis an die Batterie an. In allen Fällen leuchten die Lämpchen annähernd gleich hell. Wenn du ein Lämpchen aus der Fassung drehst, leuchten die anderen weiterhin.

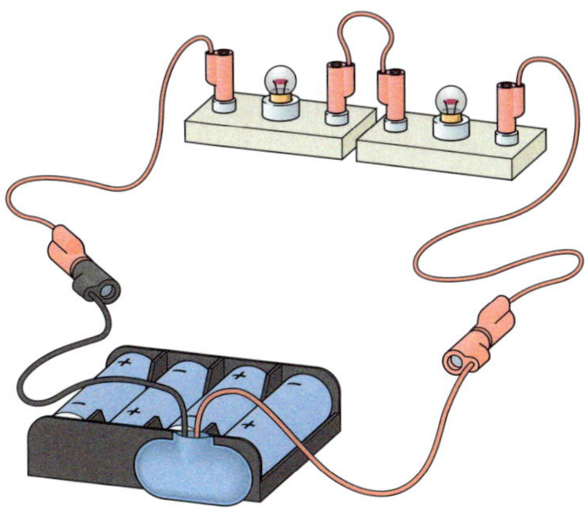

B1 Reihenschaltung

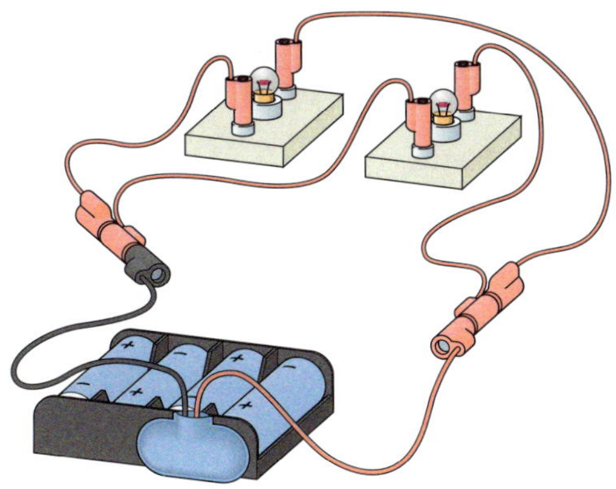

B2 Parallelschaltung

Reihenschaltung In Abbildung **B1** sind zwei Lämpchen im gleichen Stromkreis nacheinander angeordnet. Eine solche Schaltung bezeichnet man als **Reihenschaltung**. Ist ein Lämpchen defekt oder aus der Fassung gedreht, ist der Stromkreis unterbrochen und es leuchtet kein Lämpchen mehr. Der Schaltplan zur Schaltung in Abbildung **B1** sieht wie folgt aus:

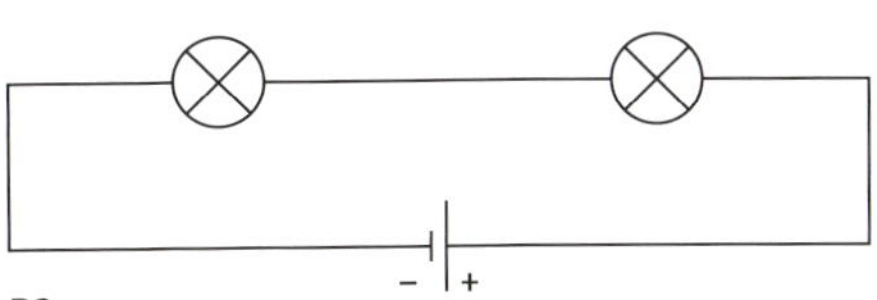

B3

Damit alle Lämpchen hell leuchten, muss die Batteriespannung ungefähr so groß sein wie die Summe der Nennspannungen der Lämpchen, d.h., die Lämpchen in Abbildung **B1** müssen bei Betrieb mit dem 6-V-Batteriehalter eine Nennspannung von jeweils ca. 3 V haben.

● **Bei der Reihenschaltung liegen alle Geräte in einem einzigen Stromkreis. Schaltet man eines dieser Geräte aus, wird der Stromkreis unterbrochen.**

Parallelschaltung In Abbildung **B2** befindet sich jedes Lämpchen in einem eigenen Stromkreis. Sie sind voneinander unabhängig. Die Stromkreise liegen nebeneinander. Deshalb spricht man hier von einer **Parallelschaltung**. Ihr Vorteil ist, dass die Geräte unabhängig voneinander ein- und ausgeschaltet werden können. Deshalb findet sie im Haus bei Lampen und Steckdosen Anwendung.

● **Bei der Parallelschaltung hat jedes Gerät seinen eigenen Stromkreis. Jedes Gerät kann unabhängig von den anderen ein- und ausgeschaltet werden.**

A1 Zeichne den Schaltplan der Schaltung in Abbildung **B2**.

B4 Welche Schaltung liegt vor?

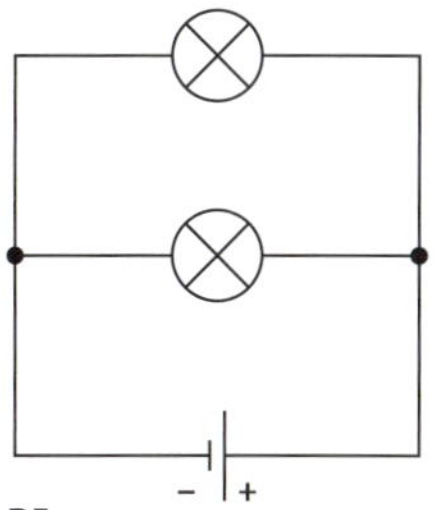

B5

Werkstatt Elektrische Schaltungen

Lernstationen:
In nebenstehenden Lernstationen soll der Umgang mit Stromkreisen und Schaltern untersucht werden.

Station I

Bringe eine Diode zum Leuchten

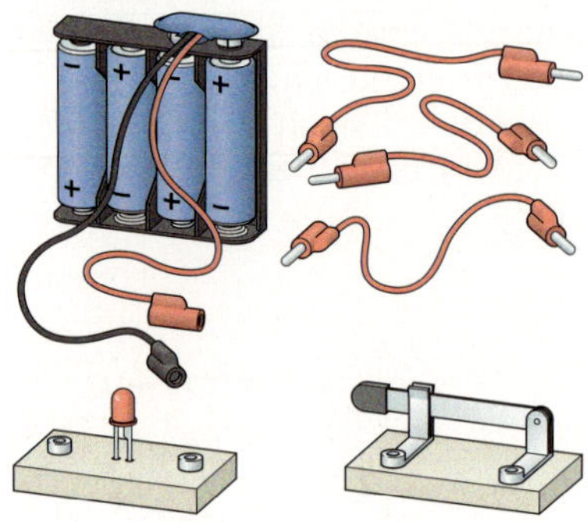

1 Benenne die bereitgestellten Materialien.
2 Baue die Schaltung mit geöffnetem Schalter auf.
3 Schließe den Schalter. Suche gegebenenfalls den Fehler.
Hinweis: LEDs leuchten nur bei richtigem Anschluss der Pole.
4 Zeichne einen Schaltplan.

Station II

Untersuche einen Haushaltsschalter

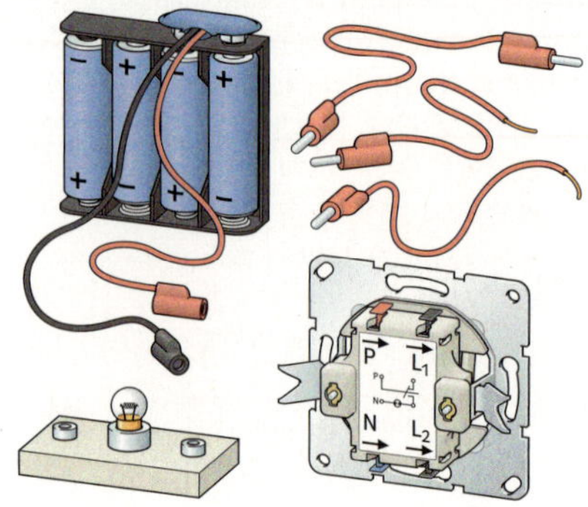

1 Verbinde je zwei Anschlüsse des Haushaltsschalters mit Batterie und Lampe zu einem Stromkreis und finde heraus, welche Kontakte durch den Schalter unterbrochen oder geschlossen werden. Lege dazu eine Tabelle an.

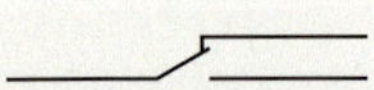

B1 Schaltzeichen für Wechselschalter

Station III

Sicherheitsschaltung

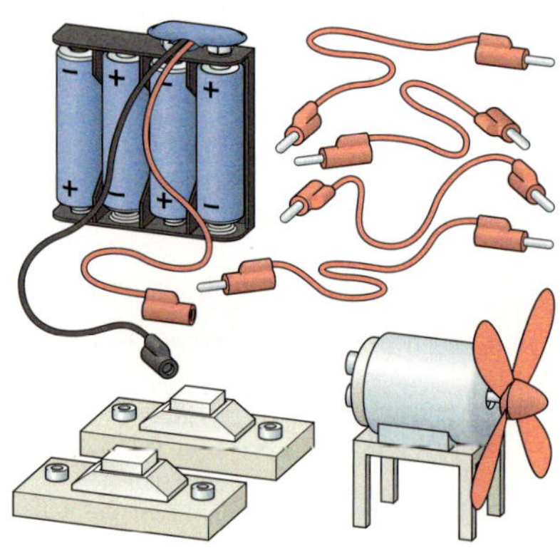

1 Entwickle und baue eine Sicherheitsschaltung auf mit zwei entfernt von einander liegenden Tastschaltern, bei der der Motor nur läuft, wenn die Taster mit zwei Händen gleichzeitig gedrückt werden.

Station IV

Planung einer Wechselschaltung

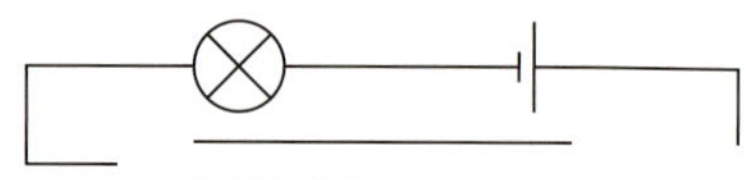

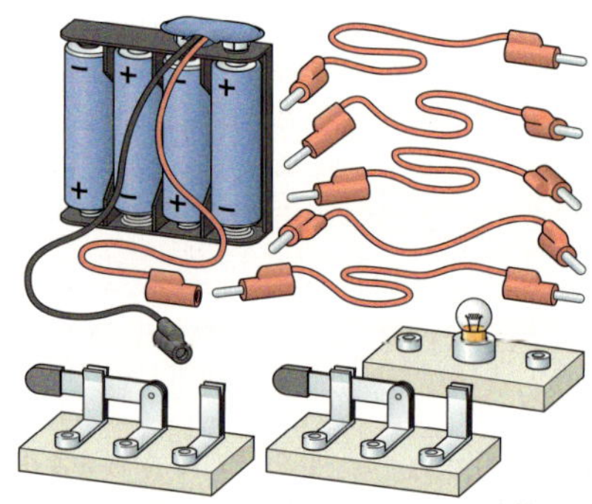

Eine Flurlampe soll an beiden Enden geschaltet werden. Dabei soll es egal sein, wo sie jeweils ein- oder ausgeschaltet wird.
1 Übertrage die Teilschaltung in dein Heft und vervollständige sie.
2 Baue die Schaltung mit den angegebenen Materialien auf und teste sie.

Nenne alle Bedingungen für den Betrieb der elektrischen Geräte in den vier Stationen.

Leiter und Isolatoren

V1 Schülerinnen haben ein Geschicklichkeitsspiel gebaut, bei dem man den Ring an dem Handgriff so bewegen soll, dass der gebogene Draht hindurchgeht. Sobald man mit dem Metallring den gebogenen Draht berührt, tönt die Klingel und man hat das Spiel verloren.

Gewonnen hat man, wenn man es schafft, dem Verlauf des gebogenen Drahtes zu folgen, ohne dass die Klingel ertönt.

Der Lehrer deckt das Spiel kurz mit einem Tuch zu, um es zu „verzaubern" und gewinnt anschließend immer. Hast du eine Idee, welche Veränderung an dem Spiel vorgenommen wurde?

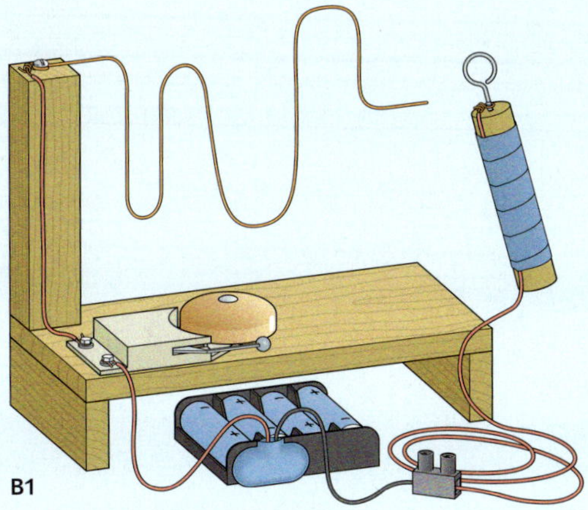

B1

V2 Um zu untersuchen, ob ein Material geeignet ist, mit ihm einen Stromkreis zu erstellen, baut man eine Probe davon in die Prüfstrecke eines Stromkreises ein (→ **B2**). Metalle und die aus Graphit bestehende Bleistiftmine leiten den elektrischen Strom. Bei Holz, Porzellan und Kunststoffen leuchtet die Lampe nicht.

V3 Die Lampe wird durch eine Diode ersetzt. Bei richtiger Polung zeigt sie die gleichen Ergebnisse wie die Glühlampe, außer bei nassem Holz.

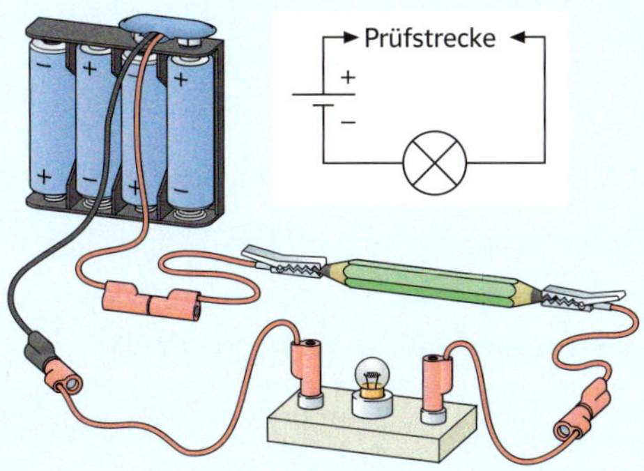

B2 Untersuchung einer Bleistiftmine

Gute und schlechte elektrische Leiter

Verbindet man in der Schaltung **B2** die Klemmen mit dem Holz des Bleistiftes, leuchtet die Glühlampe nicht. Daraus können wir zumindest schließen, dass Holz den elektrischen Strom sehr viel schlechter leitet als Metall bzw. die Bleistiftmine. Stoffe, die den elektrischen Strom leiten, heißen **elektrische Leiter.**

Wie gut ein Gegenstand leitet, hängt nicht nur von seinem Material, sondern auch von seiner Form ab. So leiten kurze, dicke Drähte den elektrischen Strom besser als lange, dünne Drähte.

Wir können nicht behaupten, dass in Holz gar kein elektrischer Strom vorhanden ist, denn der Strom könnte so schwach sein, dass die Glühlampe nicht leuchtet. Tatsächlich leuchtet eine LED im Stromkreis mit Holz. Die Abbildung **B3** fasst die Ergebnisse solcher genauen Untersuchungen zusammen. Sehr schlechte Leiter werden auch als **Isolatoren** (Nichtleiter) bezeichnet.

● **Metalle sind gute elektrische Leiter; Porzellan, Glas, Gummi und viele Kunststoffe sind sehr schlechte Leiter, sie sind gute Isolatoren.**

Gute Leiter benötigt man für die Verbindungen in einem elektrischen Stromkreis. Gute Isolatoren sorgen dafür, dass der elektrische Strom den vorgesehenen Weg beibehält und wir so beim Berühren keinen Schaden nehmen.

A1 Was könnte der Lehrer in dem Geschicklichkeitsspiel verändert haben?

A2 Setze den Text geeignet fort: Angenommen, jeder Stoff würde den elektrischen Strom leiten, dann …

leitet gut
Silber
Kupfer
Aluminium
Eisen
Konstantan
Graphit
Säuren
Laugen
Salzlösung
Leitungswasser
feuchte Erde
nasses Holz
destilliertes Wasser
Benzin, Öl
Luft
Papier
Wolle
Glas, Gummi
Porzellan
leitet nicht

B3 Leiter und Isolatoren

Planen, durchführen und auswerten von Experimenten

Versuchsprotokoll

Datum: 9.12.2008 *Name: Lukas Mustermann*

Thema: Leiten Flüssigkeiten den elektrischen Strom?

Material:
Netzgerät, Glühlampe, Bechergläser mit verschiedenen Flüssigkeiten, 2 Graphitstäbe, Kabel

Versuchsaufbau:

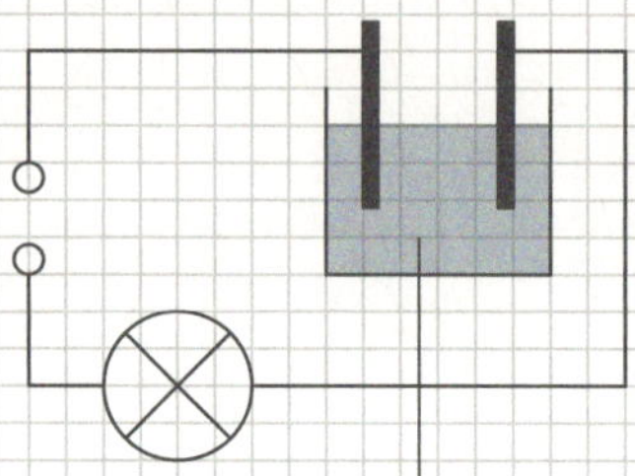

Durchführung:
Die beiden Graphitstäbe werden jeweils in ein Becherglas mit Flüssigkeit getaucht ohne sich zu berühren. Dann wird das Netzgerät eingeschaltet und die Lampe beobachtet.

Beobachtung:
Bei Leitungswasser, Cola und Essig leuchtet die Lampe. Bei destilliertem Wasser und Öl leuchtet sie nicht.

Auswertung:
Leitungswasser, Cola und Essig sind elektrische Leiter, destilliertes Wasser und Öl sind Isolatoren.

B1 Versuchsprotokoll

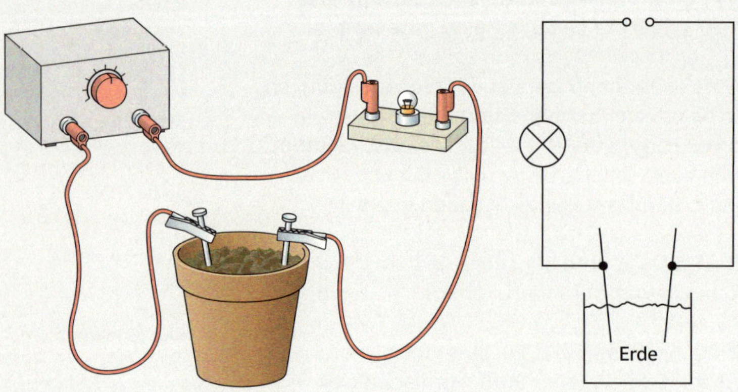

B2 Versuchsaufbau und Schaltskizze zum Versuch „Wie gut leitet Erde?"

Leiten Flüssigkeiten den elektrischen Strom?

Im Folgenden wird das Vorgehen zur Beantwortung der Frage Schritt für Schritt durchgeführt.

Die Frage „Leiten Flüssigkeiten den elektrischen Strom?" ist sehr offen. Wir müssen hier ein geeignetes Experiment planen. Die Idee ist, eine Glühlampe in einen geschlossenen Stromkreis mit einer Flüssigkeit zu betreiben. Hierzu sollen zwei Kontakte in ein Glas mit der Flüssigkeit gesteckt werden. Als Flüssigkeit sollen Leitungswasser, destilliertes Wasser, Cola, Öl, Essig, … untersucht werden. Die Ideen zum Aufbau und zur Durchführung kannst du im Protokoll nachlesen.

Die Beobachtung hält alle gesehenen und wahrgenommenen Informationen fest. Dazu legt man häufig auch eine Tabelle an:

Flüssigkeit	Lampe leuchtet	Lampe leuchtet nicht
Leitungswasser	X	
destill. Wasser		X
Cola	X	
Öl		X
Essig	X	

Leitungswasser, Cola und Essig bilden mit der Glühlampe und der Quelle einen geschlossenen Stromkreis.
Destilliertes Wasser und Öl unterbrechen den Stromkreis.
Wasser, Cola und Essig sind elektrische Leiter, destilliertes Wasser und Öl sind Isolatoren.

Zum Üben: Wie gut leitet Erde? Bei Topfblumen kommt es aufs richtige Gießen an. Wenn man ihnen zu viel Wasser gibt, können sie „ertrinken", gibt man zu wenig, dann können sie verwelken. Mit der Anordnung **B2** kannst du die Leitfähigkeit von Erde untersuchen und daraus Aussagen über ihre Feuchtigkeit gewinnen.

Aufbau: Zeichnung wie in Abbildung **B2**!

A1 Beschreibe die Durchführung, die Beobachtungen und die Auswertung. (Hinweis: Formuliere das Ergebnis mit „je … desto".)

Wärme- und Lichtwirkung des elektrischen Stromes

V1 In einem Stromkreis sind ein dünner und ein dicker Draht in Reihe geschaltet. Auf den Drähten sitzen Papierfähnchen. Der dünne Draht glüht, so dass das Papier auf ihm verkohlt (→ **B1a**).

V2 Schaltet man gleich lange und gleich dicke Drähte aus Kupfer und Eisen in Reihe, so verkohlt das Papierfähnchen auf dem Eisendraht.

V3 Wir schließen einen langgestreckten Draht an eine elektrische Quelle an.
Er wird warm, glüht aber nicht. Dann wickeln wir ihn um einen Bleistift zu einer Wendel. Wenn wir ihn jetzt anschließen, nimmt die Wärmewirkung zu. Der Draht glüht sogar, wenn wir vor dem Anschließen die Wendeln sehr eng zusammen schieben (→ **B1b**).

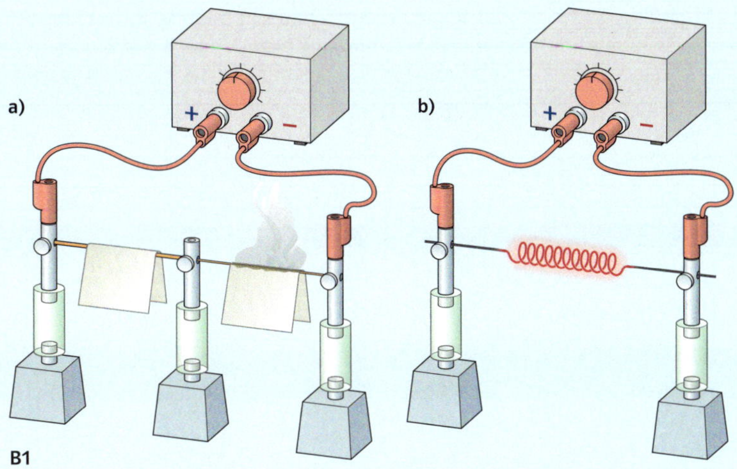

B1

Temperaturerhöhung durch elektrischen Strom

Der elektrische Strom hat eine Wärmewirkung. Die Temperaturerhöhung des Leiters hängt dabei von verschiedenen Einflüssen ab: Der gleiche Strom erhitzt einen dünnen Leiter stärker als einen dicken aus dem gleichen Material. Verwendet man ein anderes Material für den Leiter, so ergibt der gleiche Strom eine andere Temperaturerhöhung.

● **Der elektrische Strom bewirkt eine Temperaturerhöhung des Leiters. Sie hängt vom Material und der Dicke des Leiters und von der Stärke des Stromes ab.**

Wenn man einen Draht aufwickelt, wird er heißer und glüht deutlich heller als der gestreckte Draht. Die einzelnen Windungen der Wendel heizen sich gegenseitig auf und werden von der Luft nicht so gut gekühlt wie der gestreckte Draht. Deshalb kann die Wendel auch leichter verbrennen oder schmelzen.
Bei vielen Geräten im Haushalt, z. B. beim Bügeleisen, nutzt man die Wärmewirkung des elektrischen Stromes (→ **B2**).

Die Zuleitungen in den Zimmerwänden und in den Anschlusskabeln sollen sich aber kaum erwärmen. Deshalb fertigt man sie aus Drähten, die wesentlich dicker sind als die Heizwendeln in diesen Geräten. Die Verwendung des gut leitenden Kupfers in den Zuleitungsdrähten verringert die Wärmewirkung.

Die Lichtwirkung des elektrischen Stromes

Bei der Glühlampe wird die Wendel aus Wolfram so heiß, dass sie Licht aussendet.
Bei Leuchtstoffröhren und Energiesparlampen wird durch den elektrischen Strom ein Gas zum Leuchten gebracht (→ **B3**). Sie werden nicht so heiß wie Glühlampen. Noch geringer ist die Wärmewirkung bei Leuchtdioden. Sie sind daher sehr effektive Lichtquellen.

A1 Beschlagene oder vereiste Heckscheiben eines Autos lassen sich mit Hilfe von dünnen Drähten verhindern. Erkläre dies!

B2 Haushaltsgeräte mit Heizspiralen

B3 Energiesparlampe

Gefährliche Schaltungen

V1 Im Versuch nach Abbildung **B2** verbindet der Lehrer die Kontakte A und B mit einem Draht. Das Lämpchen erlöscht, der Draht wird warm.

V2 Wir bauen die Schaltungen nach Abbildung **B1** auf und schließen die Schalter: In Schaltung **B1a** erlischt das Lämpchen bei geschlossenem Schalter!
In **B1b** leuchtet es immer!
In **B1c** leuchtet es nie!
In **B1d** leuchtet es bei geschlossenem Schalter.

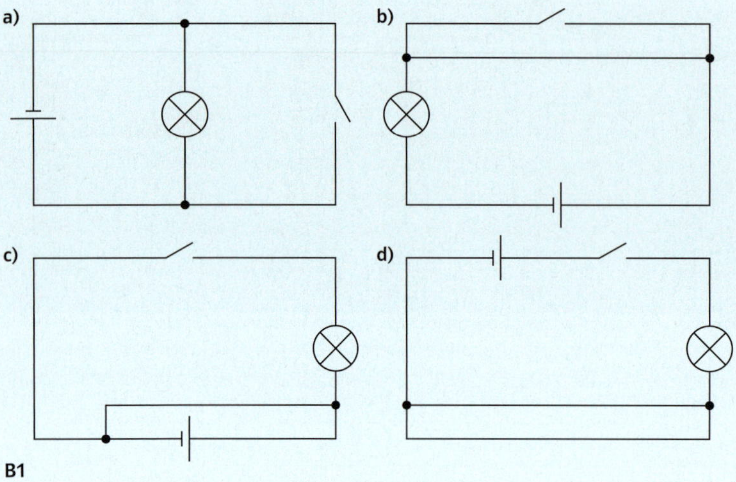

B1

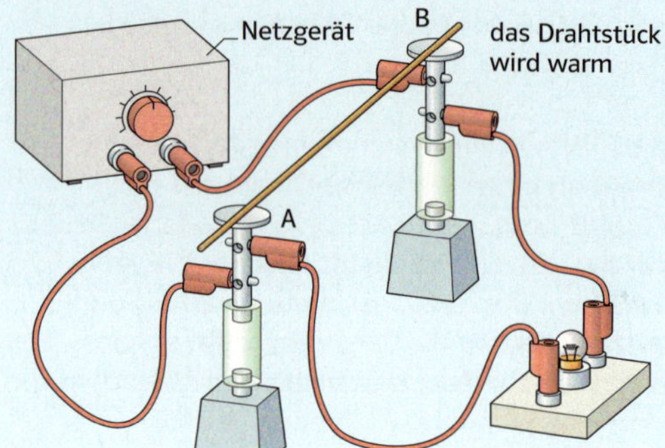

B2

Der Kurzschluss Besteht in einer elektrischen Schaltung eine direkte leitende Verbindung zwischen den Polen einer Quelle, so liegt ein **Kurzschluss** vor.

Meistens leitet diese Verbindung wesentlich besser als das elektrische Gerät. Deshalb wird der Strom in ihr so stark, dass die Quelle das Gerät nicht mehr betreiben kann: Ein Lämpchen erlischt, ein Elektromotor bleibt stehen, das Bügeleisen heizt nicht mehr, usw.

Der sehr starke Strom beim Kurzschlussstromkreis kann schlimme Folgen haben. Er kann die Zuleitungen zur Quelle und auch die Quelle selbst stark erwärmen. Vor allem bei Quellen mit hoher elektrischer Spannung führt ein Kurzschluss oft zu Funkenbildung an der Kurzschlussstelle. In der Umgebung des Leiters oder der Kurzschlussstelle kann ein Brand entstehen (→ **B3**)!

B3 Kurzschluss – die Isolierung ist durchgescheuert.

● **Ein Kurzschluss entsteht, wenn zwischen den Zuleitungen zum Gerät eine weitere, besser leitende Verbindung zustande kommt.**

A1 Lies den folgenden Zeitungsartikel. Erkläre, wie es zum Wohnungsbrand gekommen ist.

Wohnungsbrand – Es war ein Leguan

Kamp-Lintfort. dpa. Ausgerechnet eine Steckdose hat sich ein Leguan in Kamp-Lintfort am Niederrhein als „stilles Örtchen“ ausgesucht und so einen Wohnungsbrand entfacht. Das Feuer wurde schnell gelöscht.

Sicherheit im Stromkreis

V1 In einem Stromkreis sind ein dünner Draht (Lamettafaden) und eine Glühlampe in Reihe geschaltet (→ **B1**). Wird das Lämpchen überbrückt, also ein Kurzschluss verursacht, so glüht der dünne Draht durch und unterbricht den Stromkreis.

V2 Wenn wir dem Lämpchen in Versuch **V1** immer mehr Geräte parallelschalten, so glüht auch hier der dünne Draht, bis er durchschmilzt und den Stromkreis unterbricht.

V3 Wir ersetzen das Lämpchen in Versuch **V1** durch ein Gerät, dessen Nennspannung kleiner ist als die der elektrischen Quelle. Wieder unterbricht der durchglühende Draht den Stromkreis.

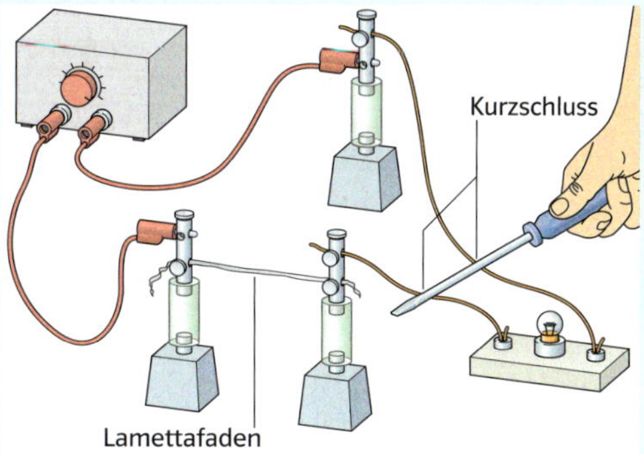

B1

Die Schmelzsicherung Bei einem Kurzschluss kann der Strom in einem Stromkreis sehr stark werden. Auch bei Verwendung eines ungeeigneten oder defekten Gerätes kann es zu einem sehr starken Strom in den Zuleitungen von der elektrischen Quelle zum Gerät kommen. Ein dünner Draht in einer dieser Zuleitungen schmilzt bei einer solchen Überlastung und unterbricht so den Stromkreis.

Der dünne Draht stellt eine Schmelzsicherung dar. Man baut sie absichtlich ein, damit die Zuleitungen durch die Wärmewirkung von zu starken elektrischen Strömen nicht zu heiß werden und dadurch Brände verursachen.

● **Eine Schmelzsicherung unterbricht den Stromkreis selbsttätig bei Kurzschluss oder Überlastung.**

Schmelzsicherungen gibt es in vielen Bauformen. Außer in Häusern kommen sie z. B. auch im Auto und in Elektrogeräten vor (→ **B2**). Damit die Schmelzsicherung selbst keinen Schaden anrichten kann, befindet sich der Schmelzdraht in einem Gehäuse aus Keramik oder Glas und ist oft noch in Sand eingebettet (→ **B2**).

In Wohnungen gibt es heute häufig Sicherungsautomaten (→ **B3**). Diese können nach Beheben der Störung wieder eingeschaltet werden.

Beachte:

1 Zuerst muss die Ursache der Störung behoben werden (Kurzschluss, Überlastung).

2 Danach muss eine neue, passende Schmelzsicherung eingesetzt bzw. der Sicherungsautomat wieder eingeschaltet werden.

A1 Wie muss man verfahren, wenn eine Sicherung angesprochen hat? Begründe!

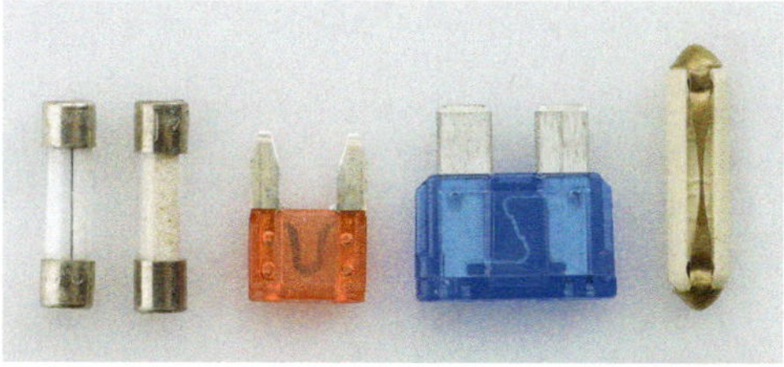

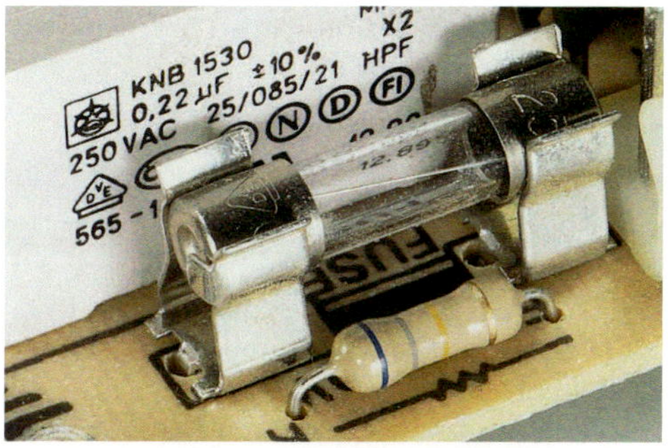

B2 Verschiedene Schmelzsicherungen (oben); Schmelzsicherung in einem Elektrogerät (unten)

B3 Sicherungsautomaten

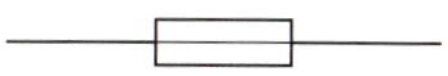
B4 Schaltzeichen einer Sicherung

Werkstatt

Selbstbau-Elektromagnet

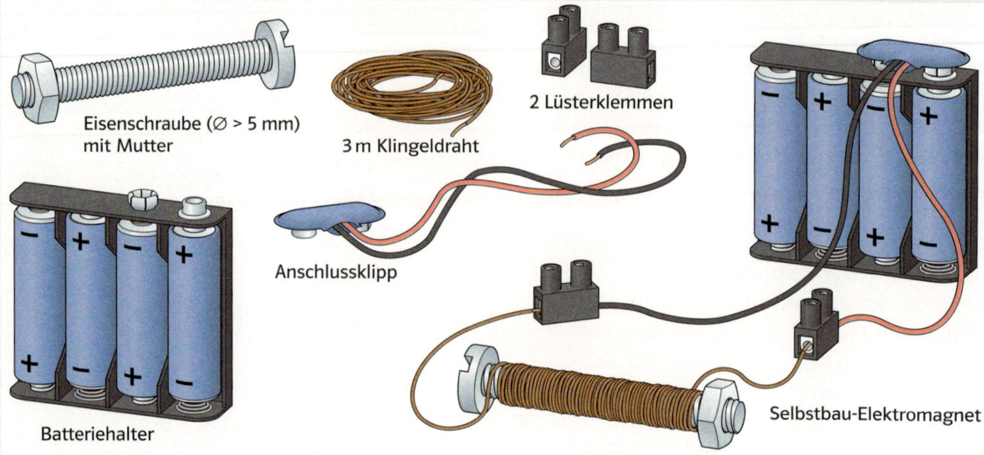

B1 Der Klingeldraht muss etwa 50-mal in gleicher Richtung um die Schraube gewicket werden.

Lernstationen:
In nebenstehenden Lernstationen soll die magnetische Wirkung des elektrischen Stromes mit einem selbstgebauten Elektromagnet untersucht werden.

Station I

Material: Selbstbau-Elektromagnet, 5 Büroklammern

1 Halte ein Ende des Elektromagneten dicht über einige Büroklammern auf dem Tisch und schließe ihn an den Batteriehalter an.
2 Halte das andere Ende des Elektromagnets über die Büroklammern. Ist die Wirkung wieder die gleiche?
3 Wiederhole den Versuch, nachdem du die Anschlüsse an der Batterie vertauscht hast.
4 Beschreibe deine Beobachtungen.

Station II

Material: Selbstbau-Elektromagnet, Schachtel mit Büroklammern

1 Lege den angeschlossenen Elektromagnet auf einen ganzen „Büroklammerhaufen" und ziehe ihn dann wieder nach oben.
2 Beschreibe deine Beobachtungen.

Station III

Material: Selbstbau-Elektromagnet, Büroklammer, Stativ, Faden

1 Hänge eine Büroklammer an einem Faden auf, so dass sie dicht über dem Tisch hängt. Markiere diese Stelle auf einem Blatt Papier. Lege den Elektromagnet auf den Tisch und schalte ihn in unterschiedlichen Entfernungen von der Büroklammer an.
2 Notiere deine Beobachtungen.

Station IV

Material: Selbstbau-Elektromagnet, Kompass

1 Stelle einen Kompass auf den Tisch und warte, bis die Nadel still steht. Halte den Elektromagnet an eine Stelle vor oder neben der Kompassnadel und schließe ihn an.
2 Vertausche während des Versuches auch die Anschlüsse an der Batterie.
3 Notiere deine Beobachtungen.

Ergebniszusammenfassung: Die Versuche zeigen: Eine Spule mit Eisenkern, die an eine elektrische Quelle angeschlossen ist, wirkt wie ein Magnet.
Eine Spule mit einem Eisenkern bezeichnet man als Elektromagnet. Ihre magnetische Wirkung gleicht der eines Stagmagneten.
Die Magnetpole liegen an den Enden der Spule.
Im Gegensatz zu Dauermagneten kann man Elektromagnete ein- und ausschalten, indem man den Stromkreis unterbricht. Vertauscht man die Anschlüsse an der Batterie, so vertauschen sich auch die Magnetpole.

Anwendungen von Dauer- und Elektromagneten

Exkurs

Elektrische Klingel und Türgong Wird die Klingeltaste gedrückt (→ **B1**), so wird der Stromkreis geschlossen. Er besteht aus der elektrischen Quelle, der Klingeltaste, der Stellschraube – ihre Spitze drückt gegen ein Kontaktblech –, dem Kontaktblech und zwei hintereinandergeschalteten Elektromagneten. Bei geschlossenem Stromkreis ziehen die beiden Elektromagnete den Klöppel zusammen mit dem Kontaktblech an. Der Klöppel schlägt gegen die Glocke. Dabei wurde aber bei der Stellschraube der Stromkreis unterbrochen – der Klöppel schwingt wieder zurück. Dadurch schließt er erneut den Stromkreis, der ganze Vorgang wiederholt sich, bis man die Klingeltaste loslässt.

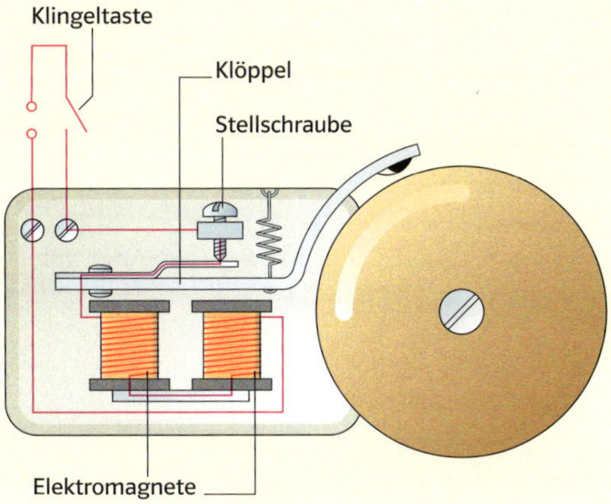

B1 Eine alte elektrische Klingel

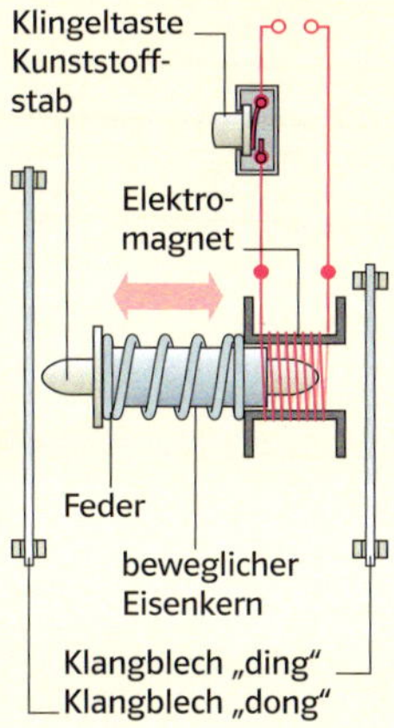

B2 Türgong

Auch beim Türgong wird durch die Klingeltaste der Stromkreis für einen Elektromagnet geschlossen (→ **B2**). Dadurch wird der Eisenkern, der auf einem Kunststoffstab sitzt, in die Spule hineingezogen. Der Kunststoffstab schlägt auf das rechte Klangblech: Es macht „ding". Lässt man die Klingeltaste los, so wird der Eisenkern nicht mehr festgehalten: Er wird zusammen mit dem Kunststoffstab durch eine Feder nach links geschleudert: Es macht „dong"!

Magnetschalter Ein **Reed-Kontakt** (→ **B3**) besteht aus zwei biegsamen Metallplättchen, die in ein Glasröhrchen eingeschmolzen sind. Nähert man diesen Plättchen einen Magnet, so werden sie magnetisiert. Dazu müssen magnetischer Nord- und Südpol des Magneten etwa parallel zu den beiden Plättchen ausgerichtet sein. An jedem der beiden Plättchen entsteht nun ein magnetischer Nord- und Südpol. Dabei stehen sich in der Mitte ein Nordpol und ein Südpol gegenüber – die Plättchen ziehen sich an und schließen dadurch den Kontakt. Das Material für die Kontaktplättchen ist so gewählt, dass ihre Magnetisierung wieder verschwindet, sobald man den Magnet entfernt. Dann wird der Kontakt wieder geöffnet.

Bei einem **Reed-Relais** benutzt man anstelle eines Dauermagneten eine stromführende Spule, um die Kontaktplättchen eines Reed-Kontakts zu magnetisieren. Man wickelt die Spule um den Reed-Kontakt. Jetzt liegen zwei Stromkreise vor: ein Stromkreis mit der Spule und ein zweiter Stromkreis, in dem der Reed-Kontakt als Schalter wirkt. Ist der Stromkreis mit der Spule geschlossen, so ziehen sich die beiden Kontaktplättchen an und der Stromkreis mit dem Reed-Kontakt ist ebenfalls geschlossen. Umgekehrt wird der Reed-Kontakt geöffnet, wenn der Strom durch die Spule unterbrochen wird.

Reed-Kontakte benutzt man überall dort, wo man einen Schalter schließen will, ohne ihn selbst anfassen zu müssen. Sie werden zum Beispiel bei Alarmanlagen als Kontakte an Fenstern eingesetzt. Man baut sie auch bei Modelleisenbahnen in das Gleis ein, so dass sie vom Magnet an einer vorüberfahrenden Lok geschaltet werden.

■ **A1** Erkläre, warum die Klingel nicht mehr funktioniert, wenn man die Stellschraube zu weit hinein- oder herausdreht (→ **B1**).

■ **A2** Wozu dient der Reed-Kontakt an der Fahrradgabel (→ **B5**)?

■ **A3** Es gibt auch Reed-Kontakte mit 3 Anschlüssen (→ **B4**). Sie wirken als Umschalter. Aus welchem Material müssen die 3 Kontaktplättchen A, B, C hergestellt werden?

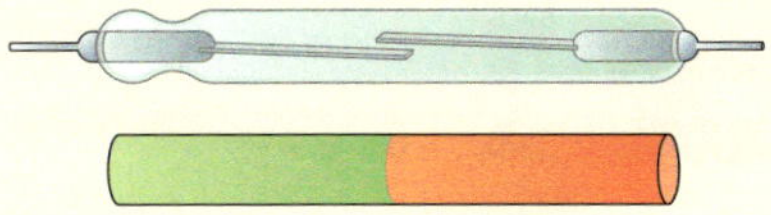
B3 Reed-Kontakt

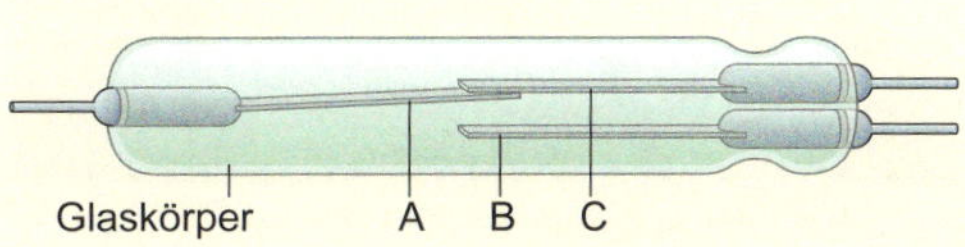

B4

B5

Rückblick

Auf den vorhergehenden Seiten hast du einige Versuche, neue Begriffe und Erklärungen kennengelernt. Wenn du die folgenden Aufgaben bearbeitest, erstellst du dir selbst eine Zusammenfassung des Kapitels und kannst überprüfen, ob du das Wichtigste verstanden hast. Bist du an einer Stelle unsicher, dann sieh auf den vorangehenden Seiten nochmals nach.

1 Begriffe
Was versteht man unter
- einem elektrischen Stromkreis?
- elektrischem Leiter und Isolator?
- der magnetischen Wirkung und unter der Wärmewirkung des elektrischen Stromes?

2 Beobachtungen
Was beobachtet man, wenn
- eine Gühlampe mit einer elektrischen Quelle verbunden wird?
- man einen Kompass neben eine stromführende Spule hält?

3 Erklärungen
Wie lässt sich begründen, dass
- bei geöffnetem Schalter kein elektrischer Strom im Stromkreis besteht?
- eine Schmelzsicherung im Stromkreis schützen kann?
- es einen Unterschied zwischen Reihen- und Parallelschaltung gibt?

4 Gesetzmäßigkeiten
Formuliere einige Aussagen über die Leitfähigkeit von festen, flüssigen und gasförmigen Stoffen. Beispiel: Metalle sind im Allgemeinen gute elektrische Leiter.

Erläutere die Erscheinungen in den folgenden Bildern und bearbeite die Aufgaben!

B1 Wie sieht die Schaltung der Lichterkette aus, wenn sie keine Reihenschaltung ist?

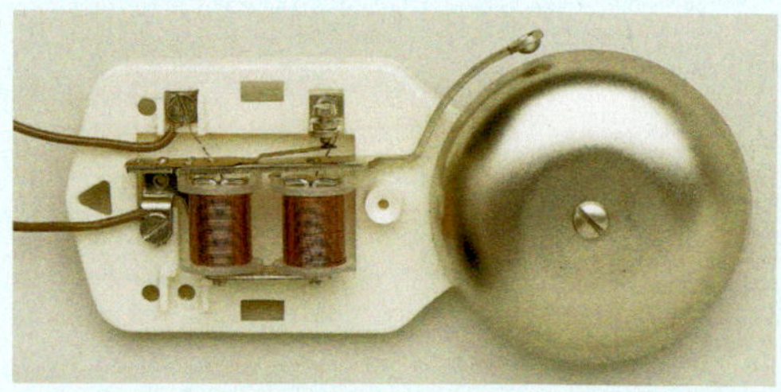

B4 Wie funktioniert diese Klingel?

B2 Was zeigt dieses Foto?

B5 Welche Eigenschaft des Stromes wird genutzt?

B3 Welche Art von Schrottteilen kann dieser Kran nur heben?

B6 Führt nur eine Leitung von der elektrischen Quelle zum Motor der Stadtbahn?

Beispiele

1 Richtiger Anschluss eines Lämpchens

In Abbildung **B3** liegt ein „geschlossener Stromkreis“ vor. Erkläre, warum das Lämpchen nicht leuchtet. Wie muss man richtig schalten?

Lösung: Nur eine der Anschlussstellen, der Fußpunkt des Lämpchens, ist mit der Batterie verbunden. Der Stromweg geht nicht durch das Gerät, sondern unmittelbar von einem Pol zum anderen Pol der Batterie. Hinweis: Die Batterie wird so schnell leer. Bei einer richtigen Schaltung muss je ein Pol der Batterie mit je einer Anschlussstelle des Lämpchens (Fußpunkt, Gewinde) leitend verbunden sein.

2 Mehrere Lämpchen im Stromkreis

Drei Lämpchen in Fassung sind so an eine Batterie geschaltet, dass zwei parallel und das dritte dazu in Reihe ist.

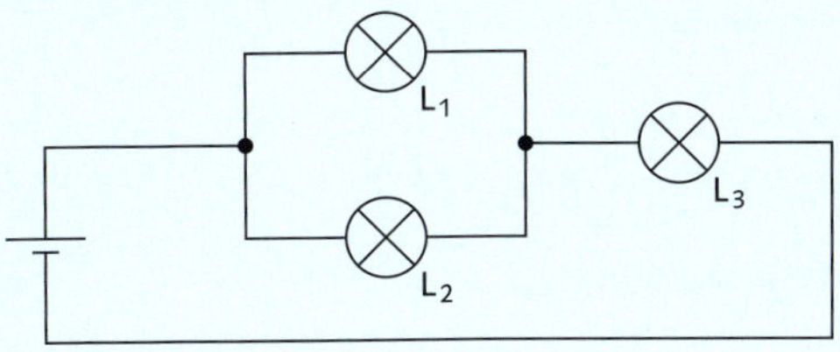

B1

Zeichne einen Schaltplan. Welches Lämpchen kann man aus der Fassung drehen, ohne dass die anderen erlöschen?

Lösung: Eines der parallel geschalteten Lämpchen L_1, L_2 kann man aus der Fassung drehen, da für die anderen immer noch ein geschlossener Stromkreis vorliegt. Wird L_3 losgeschraubt, so ist der Stromkreis unterbrochen.

3 Sicherheit im Stromkreis

Warum baut man Sicherungen direkt an der elektrischen Quelle in Stromkreise ein?

Lösung: Ein Kurzschluss zwischen den Zuleitungen vor der Sicherung führt nicht zum Auslösen der Sicherung (→ **B2**)! Dann könnte der starke Strom im Kurzschlussstromkreis einen Brand verursachen.

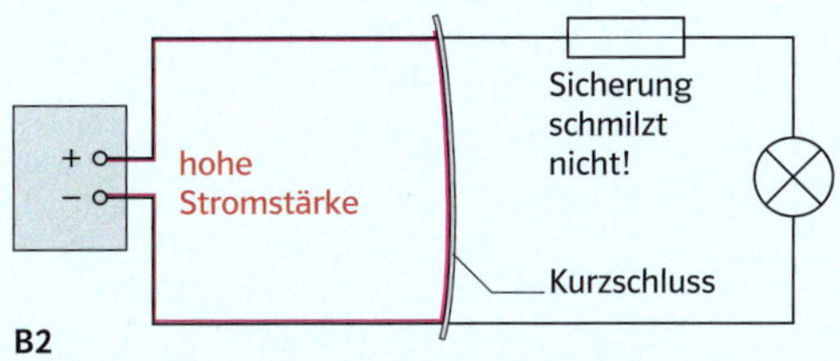

B2

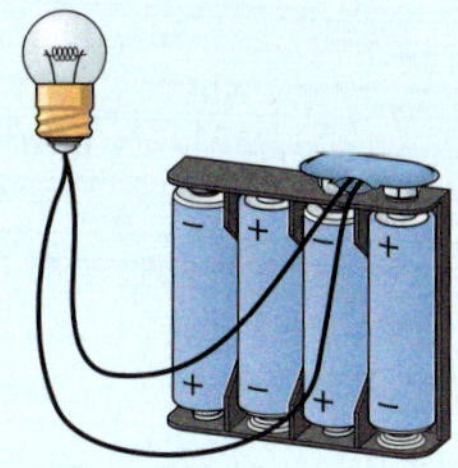

B3

Heimversuche

1 Nennspannungen einiger Elektrogeräte

Erkundige dich nach der Nennspannung von elektrischen Quellen und Geräten.

a) Quellen: Knopfzelle (z. B. im Fotoapparat oder in der Armbanduhr), Autobatterie, Trafo für Modelleisenbahn, Solarzelle, Batterie für die Fernbedienung beim Fernseher und Steckdose für Haushalts- bzw. Drehstrom.

b) Geräte: Glühlämpchen in Stablampe (Taschenlampe), im Rücklicht bzw. in der Deckenleuchte, Energiesparlampe, Toaster, Türgong und Elektroherd.

2 Bau eines „heißen Drahts“

In Abbildung **B4** siehst du das Geschicklichkeitsspiel „heißer Draht“. Zu seinem Bau brauchst du folgendes **Material:** 3 Holzbretter, 1 Vierkantholz, 1 Rundholz, 1 Summer, fester Kupferdraht, Leitungskabel, Batterie, 1 ringförmige Metallschraube, Schrauben und Klebeband.

Verschraube entsprechend Abbildung **B4** das Vierkantholz an einer Ecke des größeren Bretts (2 Schrauben), befestige den Boden und schraube den festen Kupferdraht auf dem Kantholz fest. Vergiss nicht, vor dem Festschrauben ein Leitungskabel mit dem Kupferdraht zu verbinden.

Drehe die Ringschraube in das Rundholz und verbinde die elektrischen Teile entsprechend der Abbildung mit dem Leitungskabel. Umwickle das Rundholz und das Kabel mit Klebeband.

3 Der Sicherungskasten

Lass dir einmal den Sicherungskasten in eurer Wohnung zeigen. Welche Art von Sicherungen enthält er? Zeichne die Sicherungen auf und schreibe jeweils dazu, für welche Räume oder Elektrogeräte die einzelnen Sicherungen bestimmt sind.

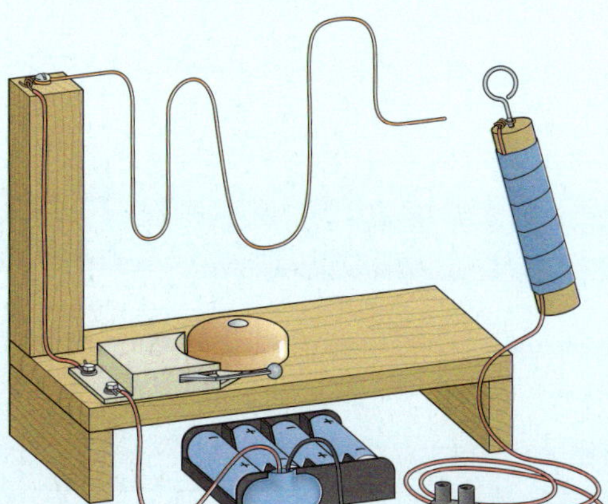

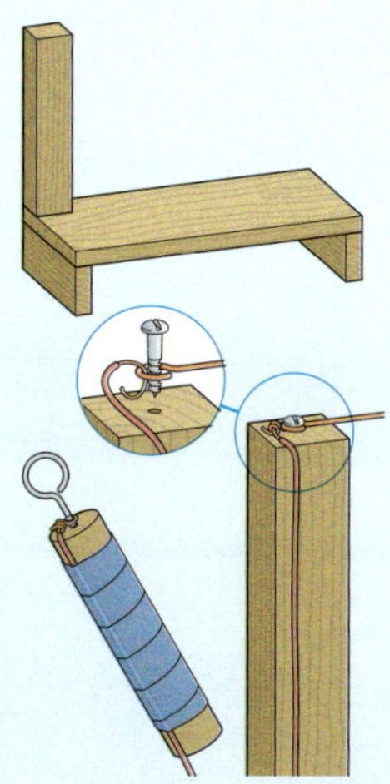

B4 Zu Versuch 3

Aufgaben

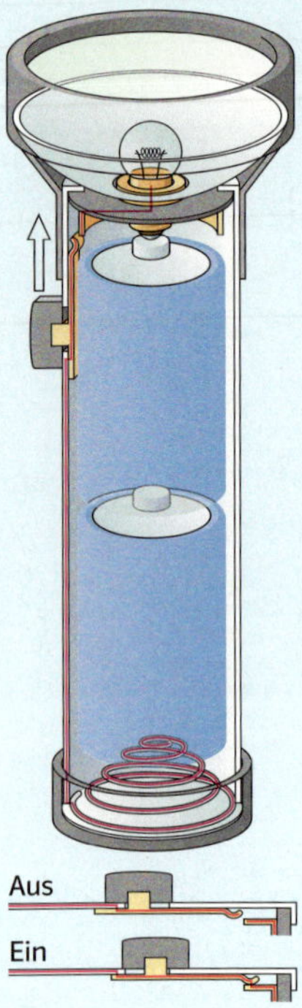

B1

Anschließen elektrischer Geräte

1 Nenne elektrische Geräte bei dir zu Hause. Mit welcher elektrischen Quelle werden sie jeweils betrieben?

2 Zeichne den Schaltplan eines Stromkreises mit einer Batterie, einem Lämpchen und einem Schalter.

3 Angenommen: Obwohl du den Lichtschalter betätigst, leuchtet die Zimmerlampe nicht. Woran könnte das liegen? Nenne mehrere Möglichkeiten.

4 Warum leuchtet eine Haushaltsglühlampe nicht, wenn man sie an eine Taschenlampenbatterie anschließt?

Leiter/Isolatoren

5 Warum sind Schalter und Steckdosen in der Waschküche oder im Keller besonders gut isoliert?

6 a) Kabel sind mit Kunststoff ummantelt. Welche Aufgabe hat der Kunststoff?
b) Weshalb haben Überlandleitungen keine Ummantelung?

7 Weshalb sind nasse Hände beim Umgang mit elektrischem Strom so gefährlich?

8 Ab welcher Nennspannung können elektrische Quellen lebensgefährlich sein? Bei welchen elektrischen Quellen darfst du die Pole deswegen nicht berühren?

9 Erläutere den Stromkreis bei einer Stabtaschenlampe mit Metallgehäuse (→ **B1**). Welche Rolle spielt das Gehäuse?

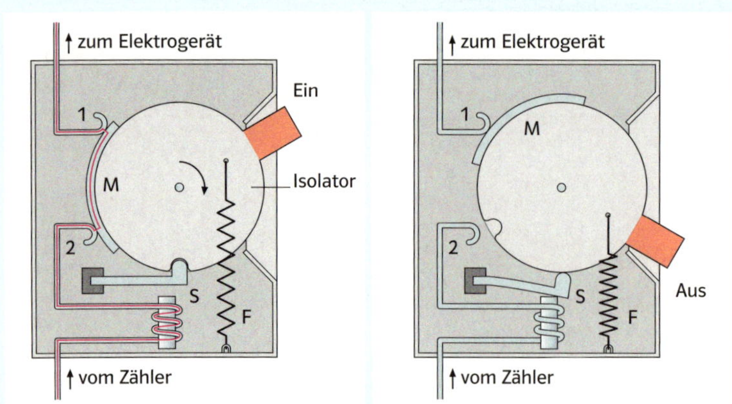

B2

10 Wie kann man die Verschmutzung von Wasser durch salzhaltige Stoffe elektrisch untersuchen (Versuchsaufbau, Schaltskizze)?

Reihen- und Parallelschaltung

11 An eine Batterie sind drei Lämpchen so angeschlossen, dass zwei in Reihe geschaltete zu einem dritten parallel angeordnet sind. Fertige eine Schaltskizze an. Welche Lampe kann man aus der Fassung drehen, ohne dass die anderen erlöschen?

12 Was wäre, wenn alle Geräte im Haushalt in Reihe und nicht parallel geschaltet wären?

Wirkungen des elektrischen Stromes

13 Nenne Geräte, in denen Elektromagnete verwendet werden.

14 Wasser lässt sich in einem elektrischen Wasserkocher erhitzen. Erkläre dies.

Weitere Aufgaben

15 Eine Waschmaschine arbeitet noch nicht, wenn man den Programmschalter und die Einschalttaste gewählt hat. Man muss außerdem die Waschtrommel schließen und den Wasserhahn aufdrehen. Dabei wird jeweils ein Schalter geschlossen. Wie sind sie angeordnet? Begründe deine Antwort.

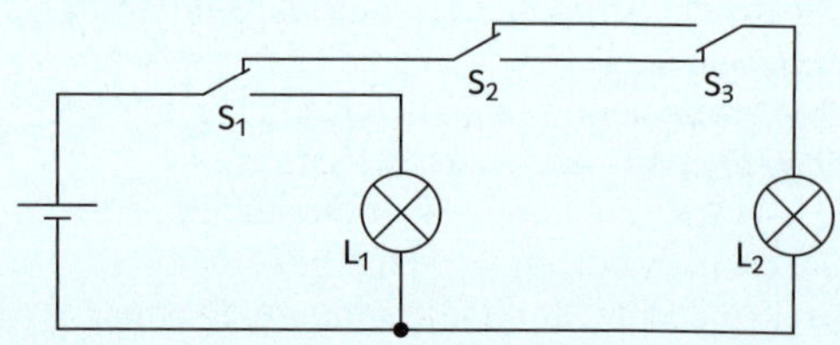

B3

16 Bei welchen Schalterstellungen (oben, unten) der drei Umschalter in Abbildung **B3** leuchten die Lampen L_1 bzw. L_2?

17 Wie funktioniert der Sicherungsautomat in Abbildung **B2**? Ergänze den angefangenen Text: „Durch einen Kurzschluss steigt im Stromkreis die Stromstärke stark an. Dadurch wird die Spule zu einem starken Elektromagnet und zieht den Sperrhaken S an. Die Feder F …"

Vorhaben **Schattentheater**

Versuche in „Forschungsvorhaben“ zu klären, wie Schattenbilder entstehen und wie sie verändert werden können.

B1 Spezialeffekte im Schattentheater

Die Geschichte des Figurenschattentheaters ist so alt wie die Geschichte des Theaters selbst. Wahrscheinlich ist es die älteste Theaterform überhaupt. Im Schattentheater hast du die Möglichkeit, Dinge vorzuführen, die es gar nicht gibt.

Zu einer Aufführung gehören:
- Die Idee für den Inhalt
- Der Titel
- Die Technik
- Lichteffekte
- Toneffekte und Musik
- Die Spieler
- Das Drehbuch

Plant ein kurzes Schattentheaterstück und führt es auf.

- Plant euer Schattentheaterstück sorgfältig.
- Experimentiert mit Licht und Schatten, um Erfahrung für die Technik zu sammeln.
- Überlegt euch, ob euer Theaterstück Musik enthalten soll (z. B. zu Beginn oder am Ende). Wählt dazu passende Musik aus.
- Überlegt euch passende Soundeffekte und wie ihr sie erzeugen könnt (Rasseln, Trommeln, Quietschen, Heulen ...)
- Schreibt eure Überlegungen in einem Drehbuch auf.
- Teilt die Arbeit sinnvoll ein.

B1 Scherenschnitt

Hinweise zum Experimentieren

- Vergleiche die Schatten bei verschiedenen Lichtquellen (z. B. Teelicht, Halogenleuchte, Neonröhre, Overheadprojektor).
- Wie erhältst du Schatten, die wie ein Scherenschnitt aussehen?
- Wie kannst du erreichen, dass du Mitschüler am Schatten erkennst?
- Experimentiere mit mehreren Lichtquellen gleichzeitig. Verwende farbiges Licht.
- Untersuche, wie du die Größe eines Schattens verändern kannst.
- Im Theater benutzt man manchmal ein Spotlicht. Mit der nebenstehend skizzierten Anordnung geht das auch im Schattentheater. Mit einer Taschenlampe kannst du eventuell auf die Pappe verzichten. Finde heraus, wie sich die Größe des Lichtkreises ändern lässt.

Hinweise zum Aufbau

- Die „Bühne" beim Schattentheater ist eine weiße Leinwand, z. B. ein Bettlaken. Es sollte möglichst faltenfrei aufgehängt werden. Für „Handschattenspiele" ist es günstig, ein Tuch mit einem Tacker auf einen Rahmen zu spannen.
- Figuren kannst du phantasievoll aus Pappe ausschneiden. Du kannst sie an einem dünnen Holzstab halten. Kannst du mit den Figuren von Kasper und Krokodil spielen, wie das Krokodil den Kasper verschlingt?
- Ganz schwierig wird es, wenn man den Kasper im Bauch des Krokodils sehen soll.
- Auch mit den Händen lassen sich Figuren bilden. Ein Vogel kann dann die Flügel bewegen und der Elefant den Rüssel. Erprobe deine Figuren.

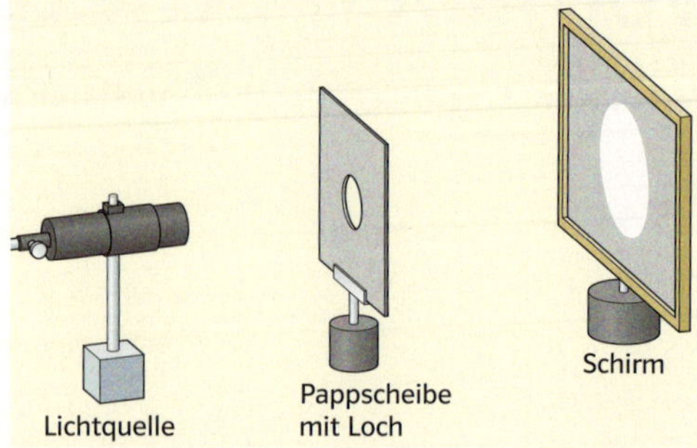

B2 Spotlicht im Schattentheater

B3 Bühne für das Schattentheater

B4 Kasper

B5 Das Krokodil

B6 Handschattenspiele

Licht und Sehen

Wieso sieht man von dem Pantomimen nur die Hände und das Gesicht?

Sehen

V1 Tina leuchtet Peter im Dunkeln mit einer Taschenlampe an. Sie berichtet, dass sie zwar Peter, aber nicht die Glühlampe sehen kann. Peter dagegen sieht die Glühlampe, Tina sieht er nicht. Probiere und beschreibe auch, was herumstehende Mitschüler sehen.

B1 Was sieht Tina, was Peter?

V2 Betrachte ein buntes Tuch bei heller und ganz schwacher Beleuchtung. Farbe erkennst du nur, wenn das Licht hell genug ist.

V3 Halte in einem dunklen Raum ein Stück Pappe etwa 50 cm vor eine helle Wand. Leuchte mit einer Taschenlampe auf die Pappe (→**B2**).
Ob die Lampe an ist, kannst du erkennen:
- wenn du direkt in die Lampe schaust.
- wenn du auf die Pappe schaust.
- wenn du auf die Wand schaust.

B2 Pappe und Wand lenken Licht um.

Sehen Ein gutes Sehvermögen reicht nicht aus, um etwas zu sehen. Im völlig dunklen Raum sieht man nichts. Zum Sehen brauchen wir Licht. Einen Gegenstand, der Licht erzeugt, nennen wir **Lichtquelle**. Die Scheinwerfer des gelben Autos und die Stirnlampe des Läufers in Abbildung **B3** sind Lichtquellen. Wir sehen sie, weil sie Licht aussenden, das in unser Auge gelangt. Das Auge ist ein **Lichtempfänger**. Auch die Kamera, mit der das Bild aufgenommen wurde, ist ein Lichtempfänger. Wir können nicht sehen, ob auch die Scheinwerfer des zweiten Autos an sind.

B3 Licht ermöglicht Sehen.

● **Licht sehen wir nur, wenn es ins Auge gelangt.**

Wir vermuten, dass die Scheinwerfer an sind, weil wir den Läufer gut sehen können. Das Scheinwerferlicht trifft auf den Läufer, der lenkt das Licht um in unsere Augen. Er wird zu einem Lichtsender. Auch Lichtquellen sind **Lichtsender**. Die meisten Gegenstände, die man sieht, sind selbst keine Lichtquellen, sondern lenken nur das Licht einer Quelle um. Insgesamt erkennen wir:

● **Wir sehen einen Gegenstand, wenn Licht von ihm ins Auge gelangt.**

Wenn du sehr früh aufwachst und es ist noch schummerig im Zimmer, erkennst du keine Farben.

● **Bei geringer Helligkeit erscheinen Gegenstände grau, erst bei hellerem Licht erkennen wir Farben.**

A1 „In der Nacht sind alle Katzen grau" sagt man. Begründe physikalisch.

A2 Erläutere das Bild zum Sehen auf der nächsten Seite.

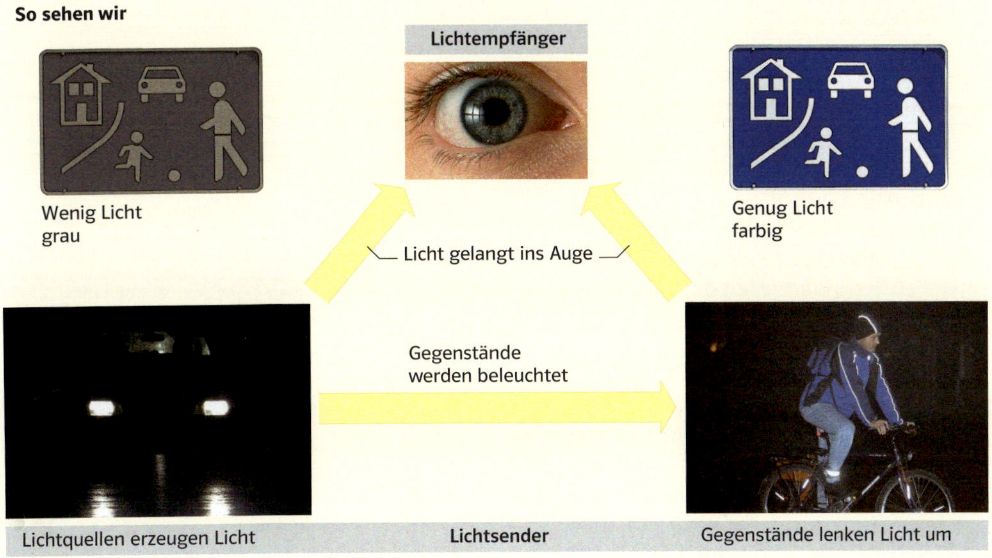

B1

Lichtquellen

Exkurs

Aus der Geschichte der Lichtquellen Früher konnte man nur mit Hilfe des Feuers Licht erzeugen. 1845 brachten A. Starr (England) und J.W. King (USA) sowie 1854 Heinrich Goebel (Deutschland) mit elektrischem Strom einen verkohlten Faden in einer luftleeren Glasflasche zum Leuchten. Erst 1876 stellte Thomas Edison Kohlefadenlampen in Serie her. Sie konnten mehrere hundert Stunden leuchten. Als man 1900 Metallfäden einsetzte, stand eine **künstliche Lichtquelle** zur Verfügung, die ihr Licht nicht durch Verbrennung erzeugt. Neben der Glühlampe kennen wir heute noch Energiesparlampen, Leuchtstoffröhren, Leuchtdioden und Laser.

B2 Glühwürmchen

Lichtquellen in der Natur In der Natur gibt es vielfältige Arten von Lichtquellen. Der Blitz (→ **B4**) ist eine eindrucksvolle Erscheinung beim Gewitter. Glühwürmchen (→ **B2**) sowie Lebewesen der Tiefsee besitzen Leuchtorgane. Sie dienen als Lockmittel für die Fortpflanzung, zur Orientierung oder als Köder für die Beute. An Glühwürmchen verbrennt man sich nicht die Finger. Sie erzeugen Licht, ohne dass sich etwas erwärmt. Das ist auch bei Leuchtdioden so, die im Fahrradrücklicht oder modernen Taschenlampen zum Einsatz kommen.

A1 Sammle Bilder zur Geschichte der Lichtquellen und ergänze so die Bildreihe unten.

A2 Trage verschiedene Lichtquellen in eine Liste nach dem angegebenen Muster ein. Kreuze zutreffende Eigenschaften an.

Name	künstlich	natürlich	heiß	kalt
Kerze	x		x	
…				

B3

B4 Blitz

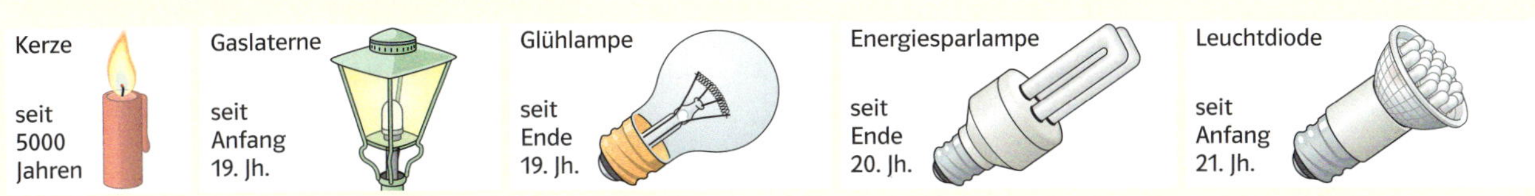

Wahrnehmen

V1 Verwende die Form in Bild **B1a** wie im Beispiel **B1b** und **B1c** zur Gestaltung unterschiedlicher Bilder. Gib jeweils die Bedeutung der Form an. Im Beispiel stellt sie eine Tür dar oder eine Zahl.

V2 Auf einem Blatt Papier erzeugen wir einen Fettfleck. Wir stellen das Blatt zwischen zwei gleiche Lampen (→ **B2**). Der Fettfleck erscheint je nach Position des Blattes heller oder dunkler als seine Umgebung. Steht das Blatt genau in der Mitte, so ist der Fleck nicht wahrnehmbar.

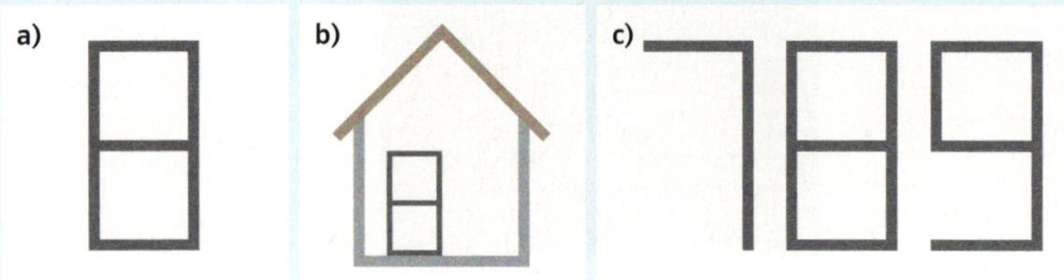

B1 Eine Form (a); eine Tür (b); eine Zahl (c)

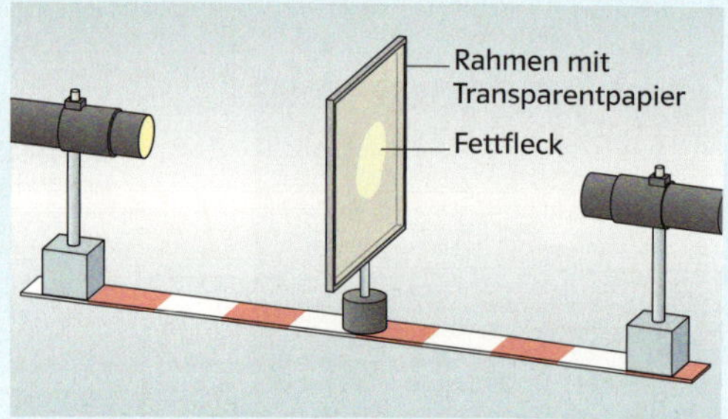

B2 Der Fettfleck verschwindet.

B3 Unterschiede führen zur Wahrnehmung.

B4 Der Mond

B5 Bäume oder Mann?

Wahrnehmen Mit unseren Sinnesorganen nehmen wir Signale aus der Umwelt auf. Die Augen reagieren auf Lichtreize und wir sehen etwas. Wir müssen diese Reize aber noch verarbeiten und deuten. Dies geschieht im Gehirn. Es steht über die Sehnerven mit den Augen in Verbindung.

● **Augen und Gehirn wirken zusammen beim Zurechtfinden in der Welt.**

Auch wenn die Augen von einem Gegenstand Licht empfangen, nehmen wir ihn nicht unbedingt wahr. Nur in dem Feld oben rechts und dem Feld unten links von Abbildung **B3** nimmst du ein Dreieck wahr.

● **Wir können Gegenstände nur erkennen, wenn sie sich durch Helligkeit oder Farbe von ihrer Umgebung unterscheiden.**

Bedeutungen Abbildung **B5** zeigt eine Landschaft. Vielleicht erkennst du auch einen Mann. Das gelingt dir, weil du eine Vorstellung davon hast, wie Männer aussehen.
Das Beispiel zeigt: Wir geben den Dingen, die wir sehen, eine Bedeutung.

● **Bedeutungen ergeben sich aus dem Zusammenhang und unserer Erfahrung.**

A1 Begründe, warum man den Mond in Abbildung **B4** sieht und um ihn herum alles dunkel erscheint.

Auge und Gehirn wirken zusammen

Werkstatt

Lernstationen:
Nebenstehende Lernstationen geben dir Beispiele für das Zusammenwirken von Augen und Gehirn.
Folge den Anleitungen sorgfältig.
Diskutiere deine Feststellungen mit Mitschülerinnen und Mitschülern.

Station I

Unterschiede

Im Tierreich gibt es viele verschiedene Farben.

1 Betrachte die Bilder. Schreibe auf, was du zur Bedeutung der Farben denkst.
2 Suche weitere Beispiele. Orientiere dich dabei an den Stichworten „warnen“ und „tarnen“.

Station II

Sehen, wo nichts ist

Bringe auf der unteren Hälfte eines weißen DIN-A4-Blattes ein weißes Kreuz auf schwarzem Grund an.

1 Starre mindestens dreißig Sekunden auf das weiße Kreuz. Richte dann den Blick sofort auf das weiße Feld darüber. Beschreibe deine Beobachtung.
2 Suche unter dem Stichwort „Nachbilder“ ähnliche Experimente im Internet. Führe sie durch und berichte.

Station III

Groß und klein

Ein Mann erzählt, dass er einen Riesenfisch geangelt hat. So groß, dass sich sein Sohn hinter ihm verstecken könnte. Zum Beweis zeigt er das Bild.

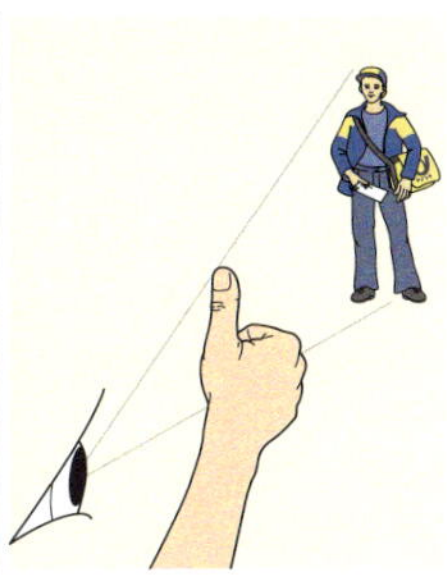

1 Untersuche, wie sich Gegenstände hinter deinem Daumen verstecken können. Die Abbildung gibt dir eine Idee. Beschreibe genau, wie das bei kleinen und großen Gegenständen geht.
2 Das Anglerfoto ist als Beweis für die Geschichte nicht geeignet. Hast du eine Idee, wie groß der Fisch wirklich ist?

Station IV

Was sieht man?

1 Was nimmst du auf dem linken Bild wahr?
Vergleiche mit Bild **B5** auf Seite 40.
Suche ähnliche Bilder. Stelle eine Sammlung zusammen.
2 Wie viele Dreiecke siehst du in der rechten Abbildung? Wie viele sind wirklich gezeichnet?
Kannst du einzeichnen, was das Gehirn hinzufügt?
Sind es vielleicht gar keine Dreiecke, sondern eine andere Figur?

Licht breitet sich geradlinig aus

V1 Das von einer Leuchtbox ausgehende Licht wird von Papier in dein Auge gelenkt. Sein Weg kann so sichtbar gemacht werden. Stelle wie in Abbildung **B1** undurchsichtige Gegenstände auf. Du kannst so ein schmales Lichtbündel erzeugen.

V2 Das linke Rohr in Abbildung **B2** enthält an einem Ende eine LED als Lichtquelle. Blicke durch ein zweites Rohr und versuche die Lichtquelle zu sehen. Es gelingt nur, wenn die Rohre so wie in Bild **B2** ausgerichtet sind.

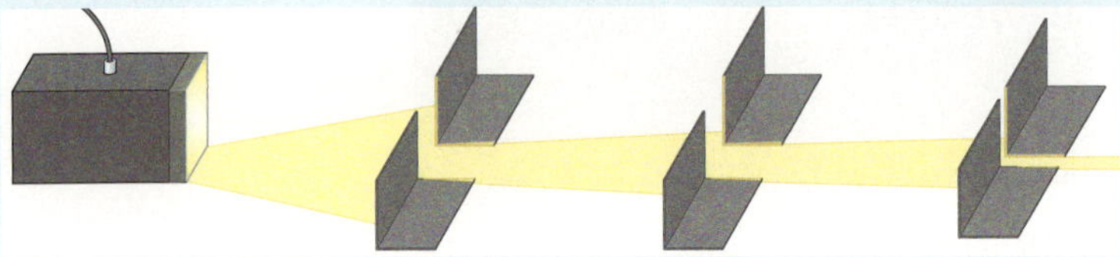

B1 Der Lichtweg wird sichtbar.

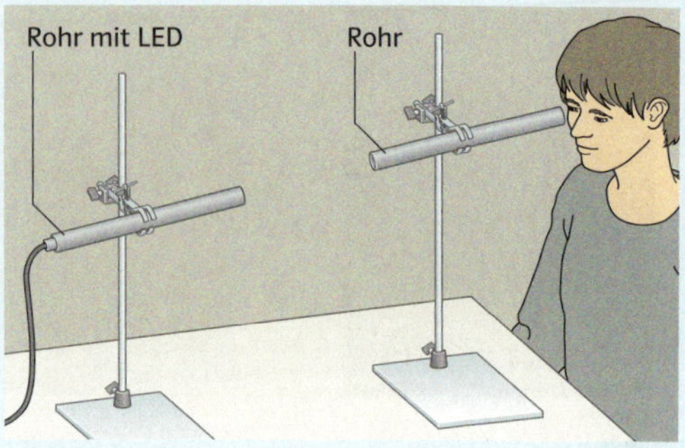

B2 Nur so gelangt Licht ins Auge.

B4 Nebel macht Lichtbündel sichtbar.

B5 Nächtliche Laserschau

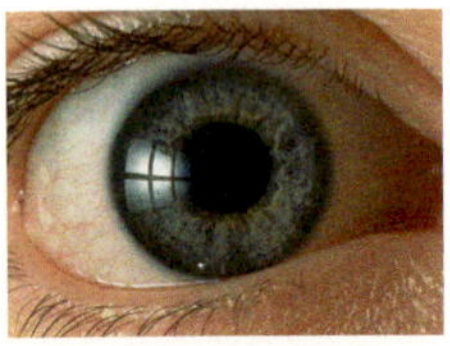

B3 Durch die Pupille gelangt Licht zu den Sehzellen.

Lichtbündel Scheinwerfer lassen Licht der eingebauten Lichtquelle meist nur in bestimmte Richtungen austreten. Sie erzeugen ein **Lichtbündel**. An dunstigen Tagen kannst du beobachten, wie das Sonnenlicht zwischen den Bäumen hindurch scheint (→**B4**). Die kleinen Wassertröpfchen des Nebels streuen das Licht in die Augen. Dadurch kann man seinen Weg verfolgen und erkennt:

- **Der Weg des Lichtes ist gerade.**

Bei Scheinwerfern gibt es nur zu einer Seite eine Öffnung, durch die das Licht austritt. Durch verschieden große Öffnungen lassen sich breite und auch sehr schmale Lichtbündel erzeugen (→**B6**).
Solche Vorrichtungen nennt man **Blenden**. Die Pupille im Auge ist eine Blende (→**B3**).

Laserlicht Laser liefern sehr schmale Lichtbündel (→**B5**). Wenn sie auf einen Gegenstand treffen, ist das Licht an der Auftreffstelle sehr konzentriert und kann dort erhebliche Schäden verursachen. **Deshalb darf Laserlicht nie direkt ins Auge treffen.** Laser werden heute bei der Messtechnik, bei Augenoperationen oder bei CD-Spielern eingesetzt. Beim Bau von Rohrleitungen für die Kanalisation oder beim Tunnelbau vergleicht man den Verlauf mit einem Bündel Laserlicht, um möglichst gerade zu bauen.

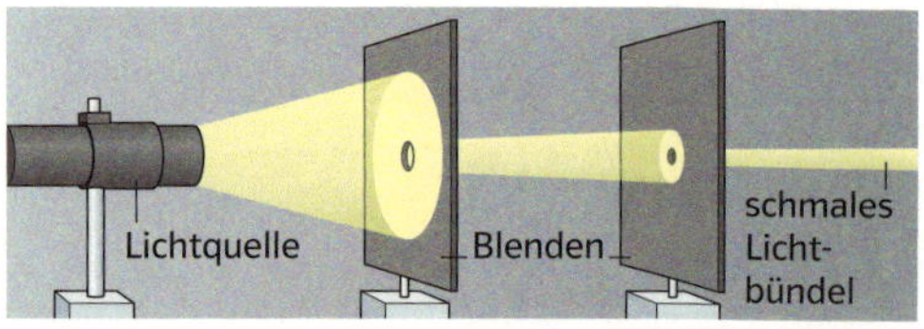

B6 Blenden begrenzen Lichtbündel.

A1 Stelle dir vor, eine Fliege krabbelt über das Papier in Versuch **V1**. Markiere die Bereiche, von denen aus sie die Lichtquelle sieht.

Sehen und gesehen werden

Lernstationen:
In nebenstehenden Lernstationen untersuchst du, wann du einen Gegenstand siehst.
Folge den Anleitungen sorgfältig.
Diskutiere deine Feststellungen mit Mitschülerinnen und Mitschülern.
Fasst die Ergebnisse zusammen.

Station I

Die Sichtverbindung

Stellt euch beiderseits der Wand in der Nähe der geöffneten Tür auf.

Nehmt verschiedene Positionen ein und stellt fest, wann ihr euch hören und wann sehen könnt.
Spannt zwischen euch einen Bindfaden.
Formuliert eine Regel für das „Sehen des Partners".

Station II

Zeigen und sehen

Stellt euch wie im Bild angedeutet um eine Mitschülerin z. B. Sabine herum auf.

Zeigt mit ausgestrecktem Arm in die Richtung, in der ihr Sabine seht.
Bewegt euch auf Sabine zu und folgt dabei eurem ausgestreckten Arm.
Beschreibt die Wege, die ihr dabei geht.

Station III

Die Villa Kunterbunt

Die Villa Kunterbunt soll neu gestrichen werden, jede Wand soll eine andere Farbe bekommen.

Im Bild „sieht" Figur 2 die gelbe Wand, weil der Faden von dort zu ihrem Auge keinen Knick enthält. Im Faden von Figur 1 ist ein Knick, sie sieht deswegen die gelbe Wand nicht.
Lege unter das Modell ein Stück Papier und markiere darauf in der Wandfarbe die Bereiche, von denen man die Wand sieht.

Station IV

Richtfeuer

In der Seefahrt zeigt Licht den Weg in der Dunkelheit. Dieser Versuch zeigt, wie Richtfeuer funktionieren.

Zwei von euch stellen sich irgendwo hin. Sie halten Gegenstände in unterschiedlichen Höhen. Stelle dich so hin, dass du beide Gegenstände genau übereinander siehst. Gehe jetzt auf die Mitschüler zu. Achte darauf, dass du die Gegenstände stets genau übereinander siehst.
Beschreibe den Weg, der sich ergibt.

Beim Zusammenspiel von Auge und Gehirn geht das Gehirn stets von der geraden Sichtverbindung aus.

Licht trifft auf Materie

V1 Halte zwischen eine kleine helle Glühlampe und deine Augen nacheinander:
a) eine sauber geputzte Glasscheibe, **b)** eine beschlagene Scheibe, **c)** verschiedene Plastikfolien, **d)** eine Alufolie, **e)** ein Blatt aus dünnem Papier (→ **B2**).

Prüfe, ob das Licht hindurchgeht und ob du hindurchsehen kannst. Nicht immer tritt beides zusammen auf. Wenn allerdings kein Licht hindurchgeht, kannst du auch nicht hindurchsehen.

V2 Halte in einem dunklen Raum ein Stück Pappe vor eine helle Wand. Leuchte mit einer Taschenlampe auf die Pappe (→ **B3**). Drehe die Pappe etwas hin und her. Beobachte die Wand. Wähle **a)** eine helle Pappe, **b)** eine farbige Pappe, **c)** eine mattschwarze Pappe, **d)** eine glatte Alufolie, **e)** eine zerknitterte Alufolie. Auf der Wand kannst du sehen, wie Licht durch die Pappe umgelenkt wird.

V3 Halte zwischen eine kleine Glühlampe und deine Augen ein Stück Pergamentpapier. Vergleiche mit einer Alufolie.
Lege jetzt zwei, drei ... Schichten Pergamentpapier übereinander. Beschreibe deine Beobachtungen. Kannst du mit Pergamentpapier die gleiche Wirkung erzeugen wie mit Alufolie? Verwende statt des Auges auch einen Helligkeitsmesser und untersuche wie im Bild **B1** skizziert Wasserschichten unterschiedlicher Dicke.

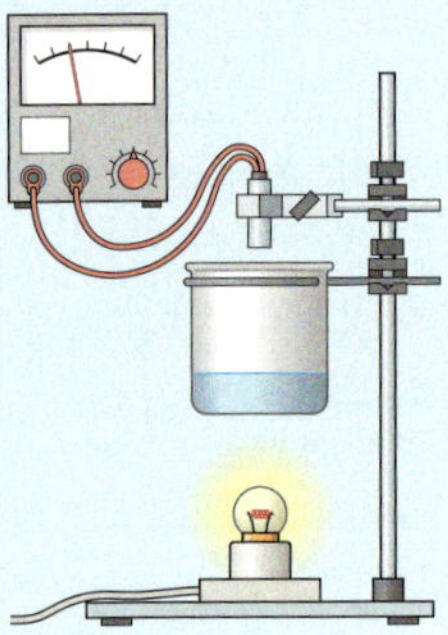

B1

B2

B3

Licht und Materie Wenn wir einen Gegenstand sehen wollen, muss Licht von ihm ins Auge gelangen. Die meisten Gegenstände sind selbst keine Lichtquellen, müssen also beleuchtet werden und Licht zum Auge des Beobachters umlenken. Was mit dem Licht geschieht, hängt vom Gegenstand, insbesondere von seiner Oberfläche ab (→ **B4**).

Eine Glasscheibe lässt Licht durch und wirkt auch wie ein Spiegel. Es treten also oft verschiedene Erscheinungen gleichzeitig auf. Einen Gegenstand, der alles Licht absorbiert, können wir nicht sehen. Einen schwarzen Klotz nehmen wir aber wahr, wenn Licht aus seiner Umgebung uns erreicht.

Licht wird in alle Richtungen geworfen, Gegenstand aus allen Richtungen sichtbar.	Licht wird nur in eine Richtung zurückgeworfen, Gegenstand nur aus dieser Richtung sichtbar.	Licht geht hindurch in eine Richtung, Gegenstand kaum sichtbar.	Licht geht hindurch in alle Richtungen, Gegenstand aus diesen Richtungen sichtbar.	Licht wird nicht zurückgeworfen und geht nicht hindurch, Gegenstand nicht sichtbar.
Licht wird gestreut.	Licht wird reflektiert.	Licht geht hindurch.	Licht wird gestreut.	Licht wird absorbiert.
helles Papier	Spiegel	Glasscheibe	Transparentpapier	mattschwarzes Papier

B4

Licht im Straßenverkehr

Auf dem Foto **B1** siehst du, welche Bedeutung Licht im Straßenverkehr hat: Ampeln regeln den Verkehr, Straßenlampen oder Autoscheinwerfer machen die Straße, Verkehrsschilder und andere Verkehrsteilnehmer sichtbar, Rücklichter warnen den nachfolgenden Verkehr. Leider gibt es auch störende Lichterscheinungen, z. B. Spiegelungen auf der nassen Fahrbahn und Blendungen durch grelle, falsch eingestellte Scheinwerfer!

Für alle Verkehrsteilnehmer ist die Regel wichtig: **Man muss selbst gut sehen und von anderen gut gesehen werden!** Das siehst du in Abbildung **B2**: Der Autoscheinwerfer erfasst zwar beide Fußgänger, aber die dunkle Kleidung des rechten Fußgängers absorbiert beinahe alles Licht – er wird zu spät erkannt! Durch die helle Kleidung und die reflektierende Armbinde ist die linke Fußgängerin dagegen schon von weitem sichtbar.

Als Fußgänger und vor allem als Radfahrer musst du für deine eigene Sicherheit und für die Sicherheit der anderen Verkehrsteilnehmer Sorge tragen. Beachte deshalb: Der **Scheinwerfer** gibt das Licht ab, mit dem du Straße, Straßenbegrenzung und Hindernisse bei Dunkelheit erkennen kannst. Du solltest die Beleuchtung aber nicht erst dann einschalten, wenn du selbst nicht mehr alles siehst! Es ist ebenso wichtig, dass dein Fahrrad für Autofahrer schon von weitem durch das abgestrahlte Licht zu erkennen ist!

Überprüfe deshalb regelmäßig, ob der Scheinwerfer Licht abgibt und richtig eingestellt ist: Das Licht muss die Straße weit genug ausleuchten, aber ein zu hoch eingestellter Scheinwerfer blendet andere Verkehrsteilnehmer.

Eine funktionierende Schlussleuchte (Rücklicht) schützt dich davor, von Verkehrsteilnehmern übersehen zu werden, die von hinten kommen und schneller sind als du. An mehreren Stellen am Fahrrad müssen Reflektoren (Rückstrahler) angebracht sein, die auftreffendes Licht reflektieren und dadurch zusätzlich Schutz bei Dunkelheit bieten: ein weißer Reflektor beim Scheinwerfer, ein roter über dem Rücklicht und gelbe Reflektoren an den Speichen und an den Pedalen. Scheinwerfer, Rücklicht und Reflektoren können nur wirksam werden, wenn sie nicht verschmutzt sind!

B1 Lichtquellen ermöglichen den Straßenverkehr auch nachts.

B2 Lebenswichtig: gut sehen und gut gesehen werden

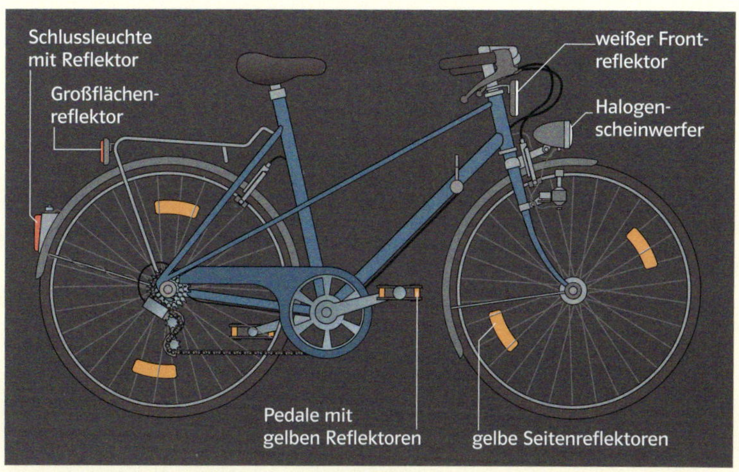

B3 Lichtquellen und Reflektoren am Fahrrad

Licht und Schatten

B1

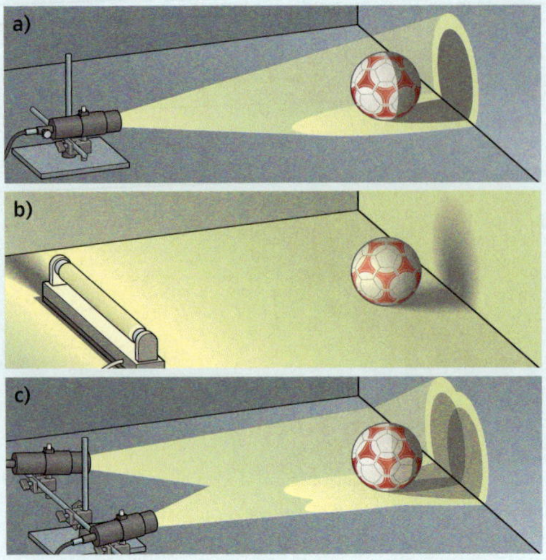

B2 Schatten bei kleiner Lichtquelle (a), bei ausgedehnter Lichtquelle (b), bei zwei kleinen Lichtquellen (c)

V1 Wir beleuchten einen Fußball auf unterschiedliche Weise. Auf dem Fußboden und an der Wand hinter dem Fußball ist es dunkel, wir erkennen Schatten. Der Schatten ist scharf begrenzt, wenn wir eine kleine Lichtquelle, z. B. eine Halogenleuchte verwenden (→ **B2a**). Bei einer großen Lichtquelle, z. B. einer Neonröhre, gibt es keine scharfe Grenze zwischen hell und dunkel (→ **B2b**). Mit zwei kleinen Leuchten erhalten wir zwei Schatten, die sich überschneiden können (→ **B2c**).

V2 Wir beleuchten eine Wand mit einer kleinen Lichtquelle, z. B. einer Halogenleuchte. Zwischen Lichtquelle und Wand steht ein Schüler. Wir sehen auf der Wand einen scharf begrenzten Schatten, an dem wir den Schüler vielleicht erkennen können (→ **B1**).

B3 Schattenraum und Schattenbild

Schattenraum und Schattenbild Im Sommer scheint die Sonne manchmal so hell, dass man einen Schatten aufsucht. Den gibt es hinter undurchsichtigen Gegenständen. Licht kann einen solchen Gegenstand nicht durchdringen.

● **Wenn eine Lichtquelle einen undurchsichtigen Gegenstand beleuchtet, entsteht hinter ihm ein Schattenraum.**

In Bild **B3** befindet sich das orange Männchen ganz, das weiße nur zum Teil im Schattenraum. Das blaue Männchen außerhalb des Schattenraumes wird beleuchtet. Hinter ihm entsteht wieder ein Schattenraum. Auf dem Boden entsteht ein **Schattenbild**, das die Umrisse des Männchens zeigt.

B4

Die Leuchtstoffröhren im Klassenraum führen nur zu verschwommenen Schattenbildern mit unscharfen Rändern. Versuche zeigen:

● **Kleine Lichtquellen erzeugen scharf begrenzte Schatten.**

Kernschatten und Halbschatten Bei einem Fußballspiel unter Flutlicht hat jeder Spieler mehrere Schatten. Jede Lichtquelle erzeugt einen. Die zwei Schatten bei zwei Lichtquellen können sich überlagern. Dann erkennt man einen ganz dunklen und zwei hellere Schattenbereiche in einer ganz hellen Umgebung. In den dunklen Bereich gelangt kein Licht, man nennt ihn **Kernschatten**. Die helleren Bereiche erhalten Licht von jeweils einer Lichtquelle, sie heißen **Halbschatten**. Alle anderen Bereiche erhalten von beiden Quellen Licht. Es ergeben sich also insgesamt drei Helligkeitsstufen (→ **B4**).

Bei großen Lichtquellen gibt es im Schattenbereich mehrere Helligkeitsstufen mit unscharfen Übergängen.

A1 Versuche die Form des Schattenraumes in Abbildung **B3** möglichst genau zu beschreiben. Die drei Männchen geben dir Hinweise.

A2 Stelle dir vor, in Bild **B2a** bis **B2c** krabbelt eine Fliege durch die Schatten. Überlege, was sie an verschiedenen Stellen von den Lichtquellen sieht.

B1 Schattentheater

Mit einer hellen Lampe und einem Bettlaken kannst du ein Schattentheater einrichten. Abbildung **B1** zeigt, wie du gefahrlos einen Schwertschlucker auf die Bühne bringen kannst. Wenn ein ganzes Stück aufgeführt werden soll, muss vieles bedacht werden. Beim Schattentheater sieht man einerseits die Akteure nicht im Original, andererseits ergeben sich durch die Verwendung von Schatten neue Möglichkeiten, z. B. kann man ziemlich einfach Riesen entstehen lassen. In Experimenten lässt sich manches klären.
Jedes Experiment beginnt mit einer

Fragestellung: Für das Schattentheater könnte die Hauptfrage lauten:
Wie lässt sich der Schatten beeinflussen?

Wenn man weiß, was man herausfinden will, beginnt die

Planung: Wir wollen Schattenbilder erzeugen und fragen:

Welche Geräte brauchen wir? Wie müssen wir sie aufbauen? Eine Versuchsskizze **B2** fasst die Überlegungen zusammen.

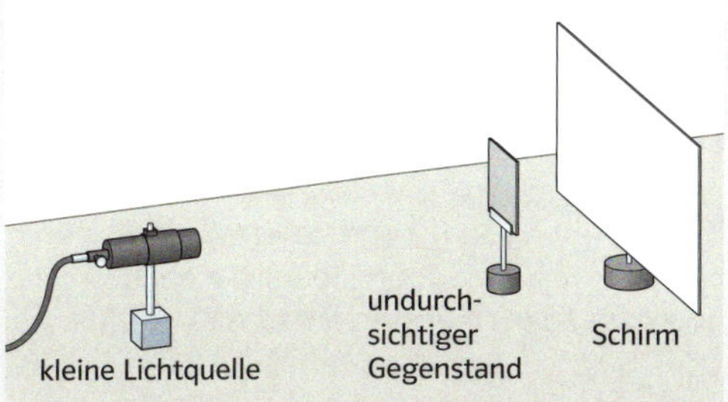

B2 Eine Versuchsskizze informiert über Gerätebedarf und Aufbau.

Zur Planung gehört auch die Überlegung, was wir mit dem Aufbau **tun** wollen, um Antworten auf unsere Fragen zu bekommen. Dann kommen wir zur

Durchführung:

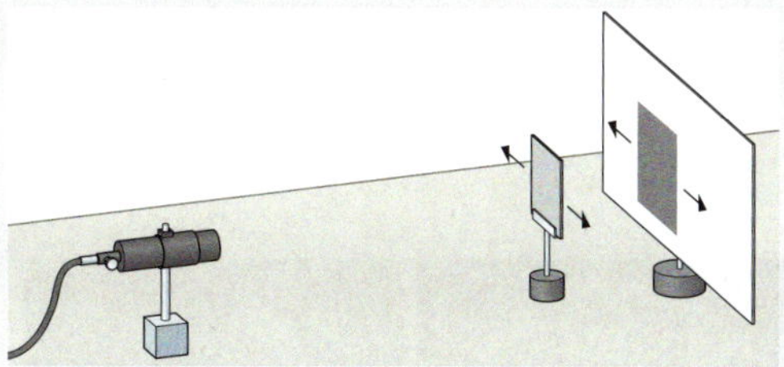

B3 Wir bewegen den Gegenstand und beobachten die Bewegung des Schattens.

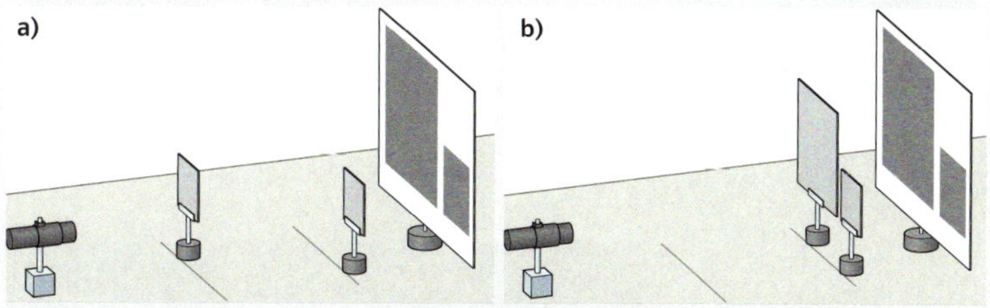

B4 Wir bewegen den Gegenstand und beobachten die Größe des Schattens (a).
Wir ändern die Größe des Gegenstandes und beobachten die Größe des Schattens (b).

Die Antworten auf unsere Fragen liefert die

Auswertung: Wir **beobachten** die Folgen unseres Tuns und **dokumentieren.**
Das geht z. B. in einer Wenn-dann-Tabelle (→**B5**):

Das tun wir	und beobachten
Wenn man den Gegenstand nach links bewegt,	dann bewegt sich der Schatten nach links.
Wenn …	dann …

B5 Handlungen und ihre Folgen

Wenn etwas zu vergleichen ist, kann das in der Form „je – desto" ausgedrückt werden (→**B6**):

Eine Größe	beeinflusst die andere
Je größer der Gegenstand ist,	desto größer ist das Schattenbild.
Je näher der Gegenstand am Schirm steht,	desto kleiner ist das Schattenbild.
Je …	desto …

B6 Größen hängen voneinander ab.

Licht und Schatten im Weltraum

B1 Die Erde im Weltall

B2 Weil die Erde sich dreht, erhalten in 24 Stunden verschiedene Länder Licht.

B3 Verschiedene Mondphasen

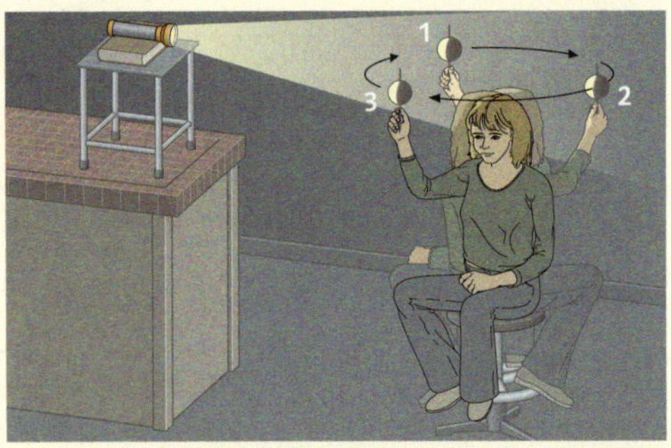

B4 Der zur Hälfte beleuchtete Mond umkreist die Erde.

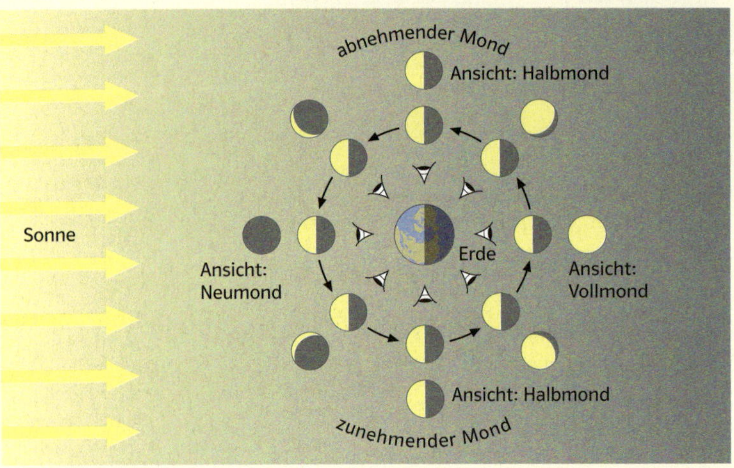

B5 Je nach Position sieht man von der Erde aus mehr oder weniger von der beleuchteten Hälfte des Mondes.

Tag und Nacht Liveübertragungen von Autorennen in Japan sind bei uns immer nachts zu sehen, obwohl sie dort tagsüber stattfinden. In Japan ist also Tag und in Europa gleichzeitig Nacht. Dies kannst du erklären: Ein Astronaut könnte die Erde so sehen wie in Bild →**B1**. Die Sonne beleuchtet die Erde, die streut das Licht ins Auge der Astronauten. Das kannst du in einem Experiment wie in Bild **B2** nachbauen.

A1 Beschreibe das Experiment. Fertige dazu auch eine Zeichnung an.

A2 Finde mit Hilfe des Globus Länder, die gleichzeitig mit Europa Tag bzw. Nacht haben.

Der Mond im Sonnenlicht Der Mond ist wie die Erde ein Himmelskörper. Wir sehen ihn, weil er das Licht der Sonne in unser Auge streut. Wenn du ihn einen Monat lang beobachtest, kannst du verschiedene Formen sehen, man nennt sie **Mondphasen** und gibt ihnen Namen (→**B3**).

Wieder hilft ein Experiment zur Klärung Du sitzt als Erdbewohner auf einem Drehschemel und hältst einen Ball, der den Mond darstellt (→**B4**). Die Sonne wird durch eine Lampe ersetzt. Dadurch wird der Ball immer nur auf der zur Lichtquelle gewandten Hälfte beleuchtet.

Fritz überlegt: Man sieht nur etwas, wenn eine gerade Sichtverbindung möglich ist. Ich schneide zwei Pappstreifen und führe sie von meinem Auge zur Kugel. Ich erkenne, dass ich nur einen Teil der Kugel sehe.

Lise überlegt: Fritz hat recht. Aber er kann nur die Teile sehen, auf die auch Licht fällt. Wenn der Mond die Erde umkreist, ist eine gerade Sichtverbindung je nach Stellung des Mondes nur zu einem mehr oder weniger großen Teil der beleuchteten Hälfte möglich. Lise macht eine Zeichnung (→**B5**).

A3 Erläutere Fritz' Überlegung an einer Skizze.

A4 Drehe dich mit dem Schemel und führe den Ball im Kreis herum. Skizziere deine Sicht in verschiedenen Positionen und überprüfe so Lises Bild.

A5 Wie musst du den Ball in Position 2 in Bild **B4** halten, damit er noch beleuchtet wird?

Finsternisse

Mondfinsternisse Da die Sonne eine riesige Lichtquelle ist, entstehen hinter der Erde Kern- und Halbschattenraum (→ **B1**). Der Kernschattenraum der Erde reicht fast 1,5 Millionen km in den Weltraum. Wenn nun der Mond in den Kernschattenraum der Erde eintritt, so kommt es zu einer Mondfinsternis. Abbildung **B1** erklärt, warum das nicht jeden Monat geschieht: Die Bahn des Mondes um die Erde ist gegenüber der Bahn der Erde um die Sonne geneigt. Läuft der Mond nur durch den Halbschattenraum der Erde, wird der Mond nicht ganz dunkel, weil er ja noch von ein wenig Licht getroffen wird. Tritt er in den Kernschattenraum ein, können wir ihn nicht mehr sehen.

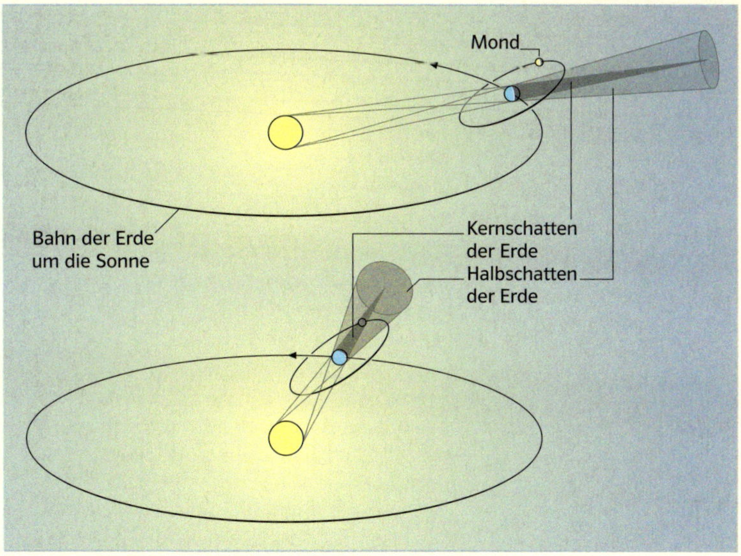

B1 Mondfinsternis

Sonnenfinsternisse Eine Sonnenfinsternis zu sehen, ist ein ganz besonderes Erlebnis, das die Menschen schon immer stark beeindruckt hat. Am hellen Tag verfinstert sich die Sonne und nur die leuchtende Korona (→ **B3**) ist zu sehen. Einige Minuten lang tritt Dämmerung ein. Zu einer Sonnenfinsternis kann es nur bei Neumond kommen, wenn sich der Mond zwischen Erde und Sonne befindet. Dort, wo der Mondschatten die Erde trifft, entsteht eine Sonnenfinsternis. Wie du in Abbildung **B2** siehst, entsteht bei einer Sonnenfinsternis ein Kern- und ein Halbschattenraum. Wenn du dich im Kernschattenraum befindest, „siehst" du die Sonne ganz vom Mond verdeckt, eine totale Sonnenfinsternis. Die Menschen, die sich im Halbschattenraum befinden, sehen die Sonne nur teilweise verdeckt, also eine partielle Sonnenfinsternis.

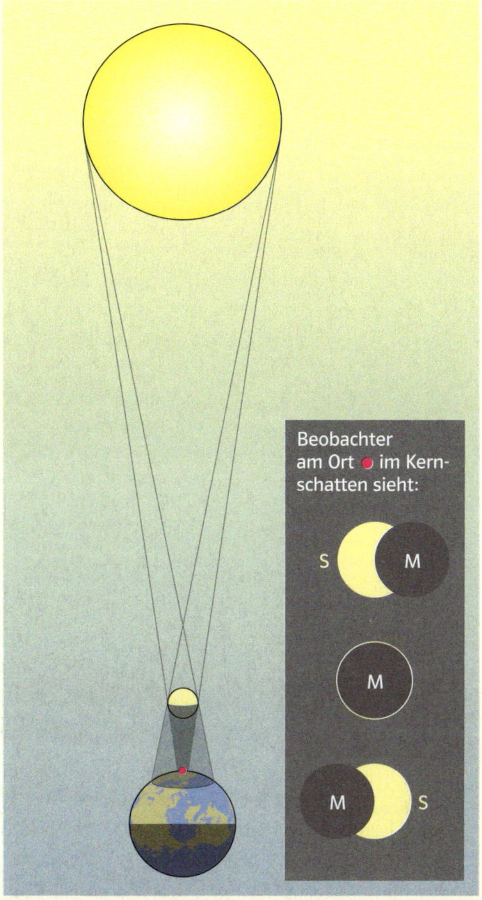

B2 Totale Sonnenfinsternis

B3

Häufigkeiten von Finsternissen Totale Sonnenfinsternisse sind recht häufig. Der Kernschattenraum hat auf der Erdoberfläche einen Durchmesser von bis zu 300 km. Durch die Bewegung von Erde und Mond wandert dieser Schattenraum auf der Erdoberfläche auf einem Streifen von mehreren tausend Kilometer Länge. Deshalb kann man eine totale Sonnenfinsternis jeweils nur auf einem Teil der Tagseite der Erde beobachten. Seltener als Sonnenfinsternisse finden Mondfinsternisse statt. Aber im Gegensatz zur Sonnenfinsternis können sie dafür von der ganzen Nachtseite der Erde aus beobachtet werden.

A1 Warum kann es bei Vollmond keine Sonnenfinsternis und bei Neumond keine Mondfinsternis geben?

Rückblick

Auf den vorhergehenden Seiten hast du einige Versuche, neue Begriffe und Erklärungen kennengelernt. Wenn du die folgenden Aufgaben bearbeitest, erstellst du dir selbst eine Zusammenfassung des Kapitels und kannst überprüfen, ob du das Wichtigste verstanden hast. Bist du an einer Stelle unsicher, dann schlag noch einmal nach.

1 Begriffe

Was versteht man unter
- einer Lichtquelle?
- einem Lichtbündel?
- einer Blende?
- einem Schattenraum?
- einem Schattenbild?
- der Streuung von Licht?
- der Absorption von Licht?

2 Beobachtungen

Was beobachtet man, wenn man
- mit einer Taschenlampe auf eine Wand leuchtet?
- eine halb rot und halb gelb bemalte Kugel aus verschiedenen Richtungen betrachtet?
- über seinen Daumen in die Gegend blickt?

3 Erklärungen

Wie lässt sich erklären, dass
- man einen beleuchteten Gegenstand sieht?
- man etwas nicht wahrnimmt?
- Leuchtfeuer Schiffen den Weg zeigen können?
- Kanalbauer Laser benutzen?
- es Mondphasen gibt?
- es Sonnenfinsternisse gibt?

4 Gesetzmäßigkeiten

Beschreibe mit eigenen Worten, wie
- man erkennen kann, dass Auge und Gehirn zusammenwirken.
- man die Größe eines Schattenbildes verändern kann.
- es kommt, dass man eine Mondfinsternis nur bei Nacht, eine Sonnenfinsternis nur am Tage beobachten kann.

Erläutere die Erscheinungen in den folgenden Bildern und bearbeite die Aufgaben!

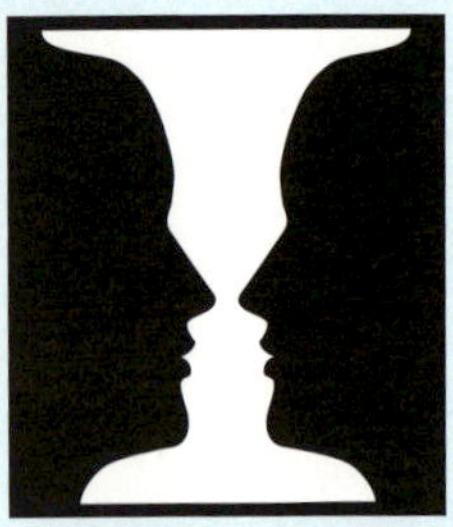

B1 Was nimmst du wahr?

B2 Mond und Euromünze gleich groß? Wie ist das möglich?

B3 In welchem Fall kannst du durch den Schlauch hindurchsehen?

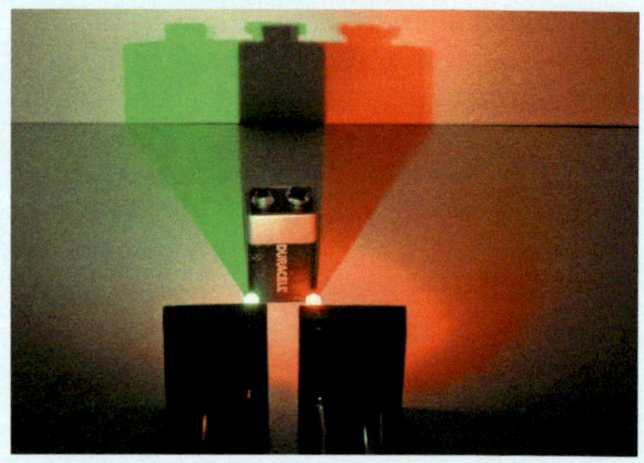

B4 Wohin kommt von welcher Lampe Licht?

B5 Warum sieht man das Lichtbündel? Wie können Leuchttürme den Weg weisen?

B6 Warum ist der Scheibenwischer für den Autofahrer wichtig?

Beispiele

Schatten Ein undurchsichtiger Gegenstand wird von Teelichten beleuchtet. Wie viele Helligkeitsstufen sind auf einer Wand hinter dem Gegenstand möglich?

Lösung: Grundsätzlich gibt es bei zwei Lichtquellen drei Helligkeitsstufen.
Licht von zwei Quellen ⇒ sehr hell
Licht von einer Quelle ⇒ mittel
kein Licht ⇒ dunkel

Das genaue Ergebnis hängt von der Anordnung ab. Hinter dem Gegenstand gibt es zu beiden Lichtquellen einen Schattenraum.

1 Kein Schattenraum reicht bis zur Wand: die Wand ist hell, sie bekommt Licht von beiden Lampen.

2 Ein Schattenraum reicht bis zur Wand: man erkennt ein Schattenbild. In seinem Bereich ist nur Licht von einer Lampe. Drum herum ist die Wand so hell wie in 1.

3 Beide Schattenräume reichen bis zur Wand. Jetzt gibt es zwei Möglichkeiten:

a) Man erkennt zwei getrennte Schattenbilder. Jedes erhält Licht von einer Lampe, Bereiche außerhalb erhalten von beiden Lampen Licht. Es gibt die gleichen Helligkeitsstufen wie in 2.
b) Die beiden Schattenbilder überschneiden sich. Dann gibt es zusätzlich einen Bereich, in den gar kein Licht gelangt. Es gibt jetzt drei Helligkeitsstufen.

Heimversuche

1 Wie weit reicht das Licht? Entferne dich mit einem Buch, das Text und farbige Bilder enthält, immer weiter von einer brennenden Kerze. Beobachte genau und notiere.

2 Täuschungen Suche im Internet oder Büchern unter dem Stichwort „optische Täuschung". Stellt in der Klasse eine Sammlung von Beispielen zusammen.

3 Groß und klein Lege zwei Stäbe, einer doppelt so lang wie der andere, parallel auf den Tisch. Blicke von der Tischkante zum kurzen Stab. Er soll so hingelegt werden, dass er den langen Stab gerade verdeckt (→ **B1**). Kannst du eine Vorschrift angeben?

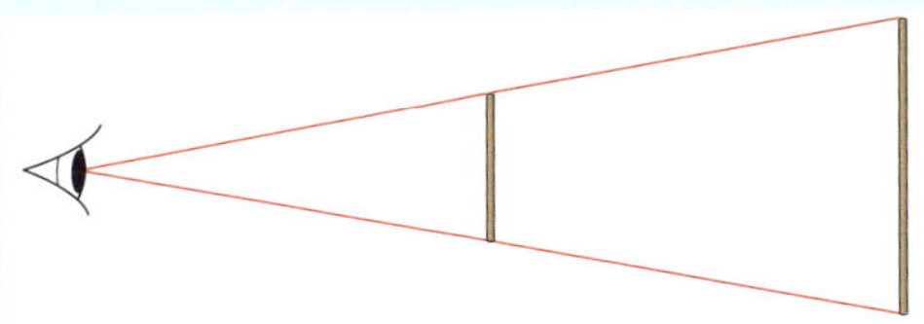

B1 Kurzer Stab verdeckt langen Stab.

4 Schattenformen Halte ein rechteckiges Heft zwischen Lichtquelle und Wand. Drehe das Heft. Was passiert mit dem Schattenbild? Zeichne! Verwende dann auch andere Gegenstände, wie z. B. eine Getränkedose oder einen Ball.

5 Absorbieren von Licht Beleuchte im abgedunkelten Raum ein Blatt Papier mit der Taschenlampe. Halte dann eine, zwei, viele Klarsichtfolien vor die Lampe. Erkläre die Veränderungen auf dem Papier. Lass eine zweite Person raten, ob du eine Folie mehr oder weniger aufgelegt hast.

6 Das sichtbar gemachte Küken im Ei
Schneide aus Pappe den Umriss eines Kükens aus, der etwas kleiner als ein Ei sein soll. Stelle das Küken und das Ei nebeneinander etwa 20 cm vor einen Schirm. Wie kann man mit Hilfe von zwei Kerzen erreichen, dass der Schatten des Kükens im Schatten des Eis erscheint (→ **B3**)?
Weshalb ist es sinnvoll, um die Erscheinung besonders effektvoll vorzuführen, den Schirm nicht zu breit zu machen?

7 Wir bauen einen Helligkeitsmesser
Ein Fettfleck auf durchscheinendem Papier erscheint heller als das Papier, wenn man den Fleck gegen das Licht betrachtet. Ist die Helligkeit auf beiden Seiten des Fettflecks gleich, so ist der Fleck nicht mehr zu sehen. Stelle je eine Kerze im gleichen Abstand vor und hinter den Helligkeitsmesser. Vergrößere nun den Abstand einer Kerze auf das Doppelte. Wie viele gleiche Kerzen musst du hinzufügen, um auf beiden Seiten des Flecks wieder gleiche Helligkeit zu bekommen (→ **B2**)?

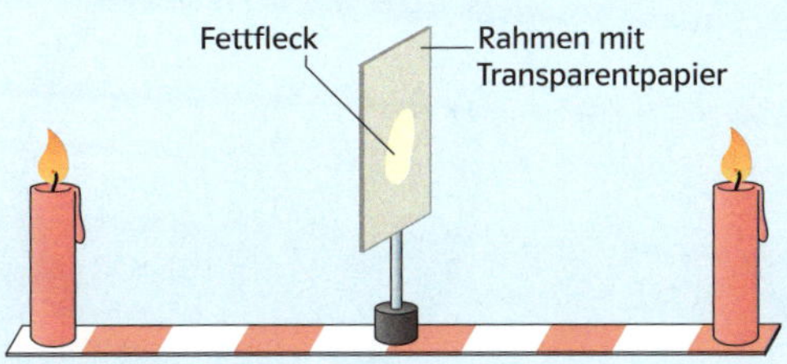

B2 Helligkeitsmesser

B3

Aufgaben

Sehen und wahrnehmen

1 Du siehst eine brennende Kerze und die Figur (→ **B3**). Skizziere, wie das Sehen funktioniert. Schreibe auch einen kurzen Text.

B3

B1

2 Du bist Astronaut und schaust nacheinander aus den vier Fenstern deiner Weltraumstation (→ **B1**). Was siehst du? Begründe deine Anwort.

3 Nach einem Verkehrsunfall sagt ein Beteiligter. Das Auto habe ich gesehen, den Radfahrer aber wohl nicht wahrgenommen. Erläutere den Unterschied zwischen sehen und wahrnehmen.

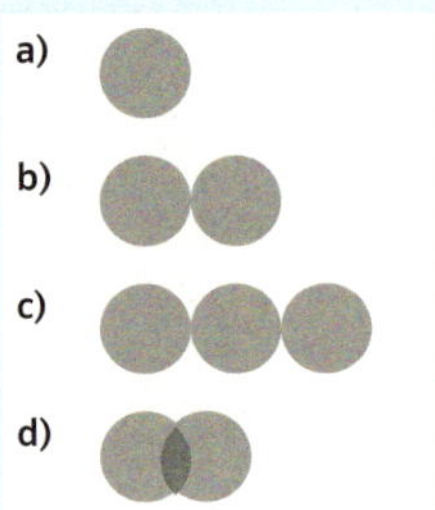

B2

4 Warum haben Krankenwagen hinten Milchglasscheiben?

5 Weshalb herrscht auch am Tag in mehr als 100 m Wassertiefe völlige Dunkelheit?

6 Um gerade Linien im Gelände festzulegen, benutzen Landvermesser einen Laser. Welche Eigenschaft nutzen sie dabei aus?

7 An dem Fahrrad (→ **B4**) wurden wichtige Teile markiert. Übertrage das Rätsel in Grafik **B7** in dein Heft und ergänze die fehlenden Buchstaben. Das rote Feld enthält einen wichtigen Hinweis. Welche Teile dienen dem „Sehen", welche dem „Gesehenwerden"?

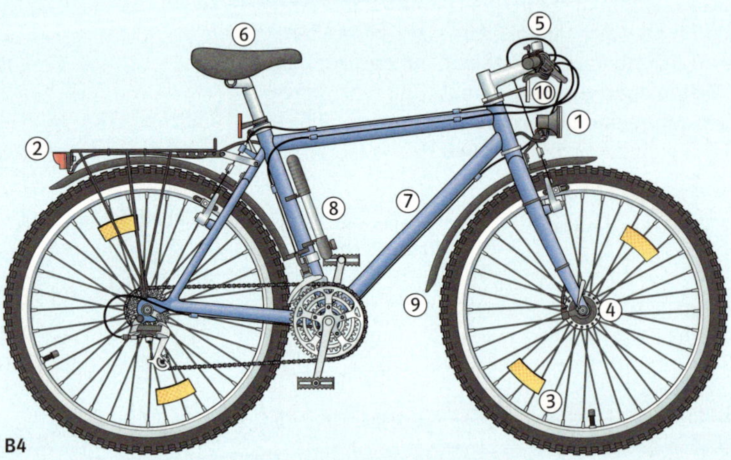

B4

Licht und Schatten

8 Welche der Punkte A, B, C, D in Abbildung **B5** werden von der Lichtquelle nicht beleuchtet? Von welchen Punkten aus kannst du die Lichtquelle sehen?

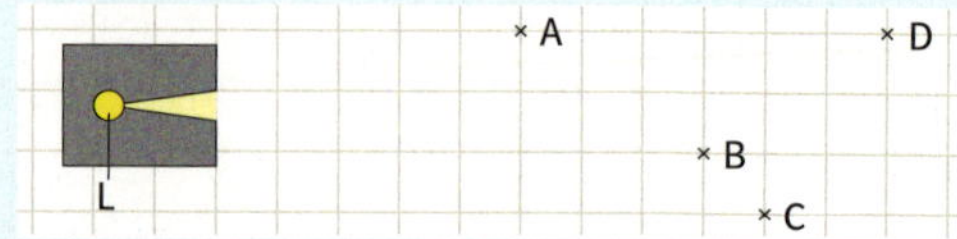

B5

9 In Abbildung **B6** siehst du eine blaue und eine orange Wand der Villa Kunterbunt von oben. Du betrachtest die Wände aus den Positionen 1 bis 5. In den Skizzen A bis E hast du festgehalten, was du siehst. Ordne den Skizzen die Positionen zu.

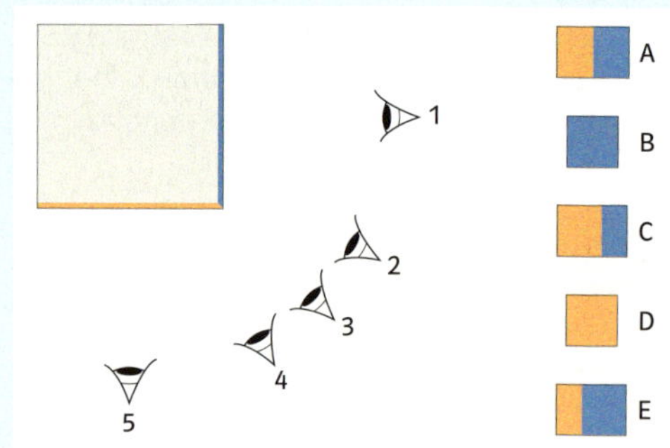

B6 Ansichten der Villa Kunterbunt

10 Wie lassen sich mit Kerzen und einer Kugel Schattenbilder wie in Abbildung **B2** erzeugen?

11 Bei einer Mondfinsternis beobachtet man, dass der Schatten der Erde immer einen kreisförmigen Rand hat. Was kann man daraus schließen?

12 Erläutere anhand einer Skizze, wie es zu einer Mondfinsternis kommt.

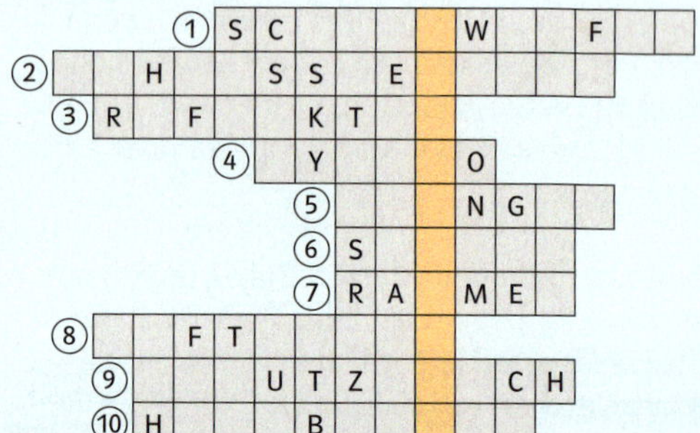

B7

Licht an Grenzflächen

Warum werden wir nur von einem Teil der Fensterfläche geblendet?

Reflexion und Streuung von Licht

B1 Licht wird umgelenkt.

V1 Wir legen einen Spiegel, ein Stück leicht zerknitterte Aluminiumfolie und ein weißes Blatt Papier auf einen dunklen Karton. Im verdunkelten Klassenzimmer beleuchten wir sie von der Seite mit einer Experimentierleuchte (→ **B1**).

Aus allen Richtungen sieht man das weiße Papier gleich hell. Der Spiegel dagegen erscheint – für die meisten Betrachter – dunkel, ebenso große Teile der Aluminiumfolie. Nur aus einer bestimmten Richtung erscheint der Spiegel hell. Drehen wir die Folie, so leuchtet sie an anderen Stellen.

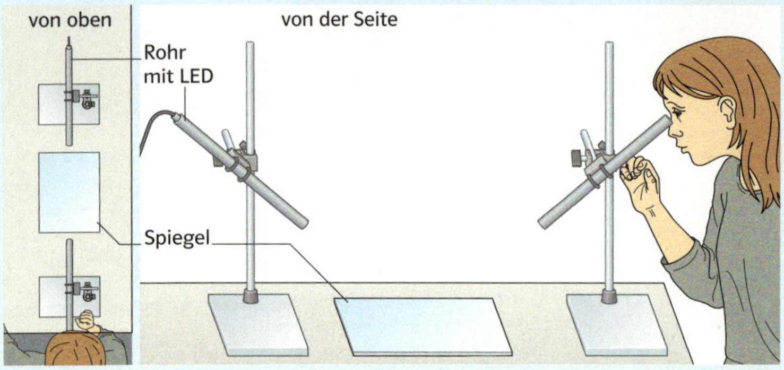

B2 Licht gelangt über den Spiegel ins Auge.

V2 Das linke Rohr in Bild (→ **B2**) enthält an einem Ende eine LED als Lichtquelle. Das Rohr ist auf einen Spiegel gerichtet.
Blicke durch ein zweites Rohr und versuche die Lichtquelle zu sehen. Es gelingt nur, wenn die Rohre so wie in Bild **B2** ausgerichtet sind. Von oben gesehen müssen die Rohre eine gerade Linie bilden. Wenn man beide Rohre vertauscht, sieht man das Licht auch.

Bemerkung:
Das Lot ist die Senkrechte zum Spiegel am Auftreffort des Lichtbündels.

Licht wird umgelenkt Ein Stück Papier können wir aus allen Richtungen sehen, denn es lenkt das Licht einer Lichtquelle in alle Richtungen um (→ **B3a**). Licht wird vom Papier ungerichtet reflektiert oder **gestreut**. Von einem Spiegel wird ein Lichtbündel vollständig in eine bestimmte Richtung umgelenkt (→ **B3b**). Es wird gerichtet **reflektiert**.

Der Lichtweg bei der Reflexion Mit einem schmalen Lichtbündel lässt sich der Weg des Lichtes bei der Reflexion verfolgen. Auf einem Blatt Papier wird er sichtbar (→ **B4**). Wir nennen das zum Spiegel laufende Bündel das einfallende Bündel. Man kann feststellen: Auch das reflektierte Bündel verläuft ebenfalls auf dem Papier, d.h.:

● **Bei der Reflexion liegen einfallendes und reflektiertes Lichtbündel in einer Ebene.**

In der Physik wurde vereinbart, Lichtwege durch die Winkel zwischen dem Bündel und dem Lot zum Spiegel zu kennzeichnen (→ **B4**). Es zeigt sich das Reflexionsgesetz:

● **Bei der Reflexion sind Einfallswinkel und Reflexionswinkel gleich groß.**

Einfallendes und reflektiertes Bündel lassen sich vertauschen, ohne das sich etwas anderes ändert. Das bedeutet:

● **Bei der Reflexion ist der Lichtweg umkehrbar.**

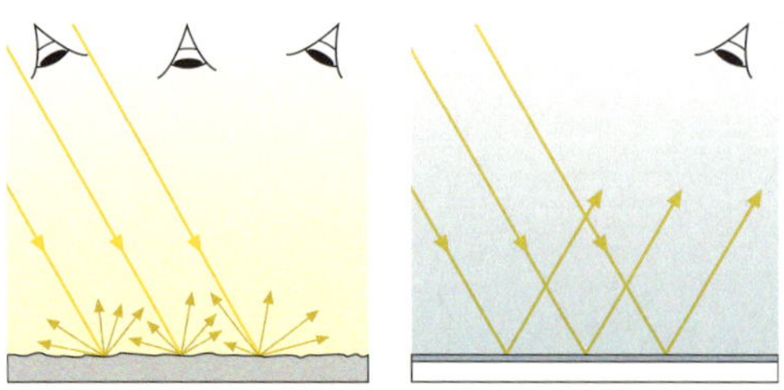

B3 Alle sehen das Papier und nur einer den Spiegel …

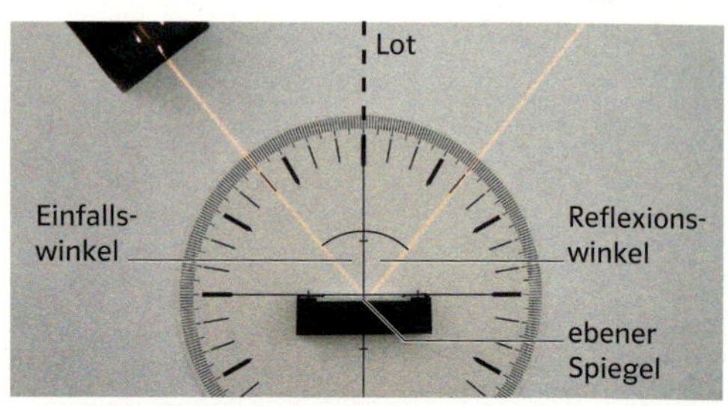

B4 Lichtwege bei der Reflexion

Vorhersage von Lichtwegen

Kompetenz

Mit dem Geodreieck kann man bei Sonnenschein jemanden „blenden". Es wirkt dabei wie ein Spiegel. Für Spiegel gilt das Reflexionsgesetz.

Mit dem Reflexionsgesetz kannst du vorhersagen, welchen Weg das Licht nehmen wird. Die Lichtwege lassen sich durch Geraden beschreiben. Mit dem Geodreieck misst du Winkel. Die Bilder **B1a** bis **B1c** zeigen, wie du vorgehst.

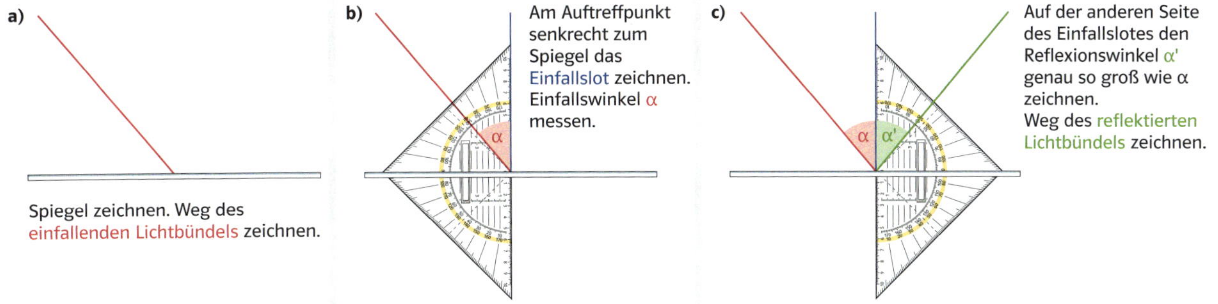

B1 Licht trifft auf einen Spiegel (a). Der Einfallswinkel wird gemessen (b). Das Reflexionsgesetz wird angewandt (c).

Reflektoren

Exkurs

Reflektoren dienen im Straßenverkehr der Sicherheit (→ **B3**). Sie sollen möglichst viel von dem auftreffenden Licht in die Richtung zurückwerfen, aus der es gekommen ist. Ein Spiegel würde das nur tun, wenn das Licht senkrecht auftrifft. Im vergrößerten Bild aus einem Fahrradrückstrahler erkennt man Flächen, die zueinander senkrecht stehen (→ **B5**).

Mit einem Experiment kannst du herausfinden, wie mit zwei Spiegeln das Licht gelenkt werden kann. Bild **B2** gibt Hinweise. Am besten arbeitet ihr zu zweit. Eine andere Möglichkeit ist die Konstruktion der Lichtwege mit Hilfe des Reflexionsgesetzes (→ **B4**).

Mit beiden Methoden kannst du zeigen:

B3 Sicherer mit Reflektoren

● **Licht, das nacheinander auf zwei zueinander senkrechte Spiegel trifft, wird in die Richtung zurückgeworfen, aus der es gekommen ist.**

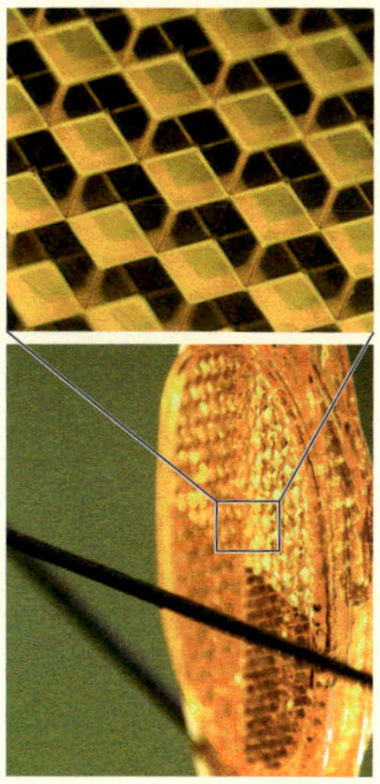

B5 Fahrradrückstrahler

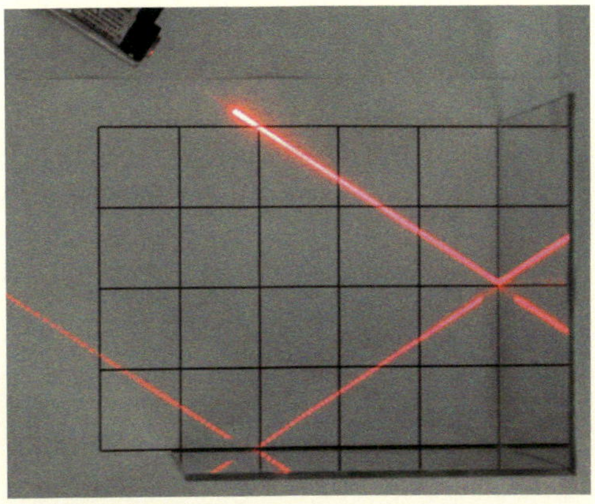

B2 Lichtbündel an zwei Spiegeln

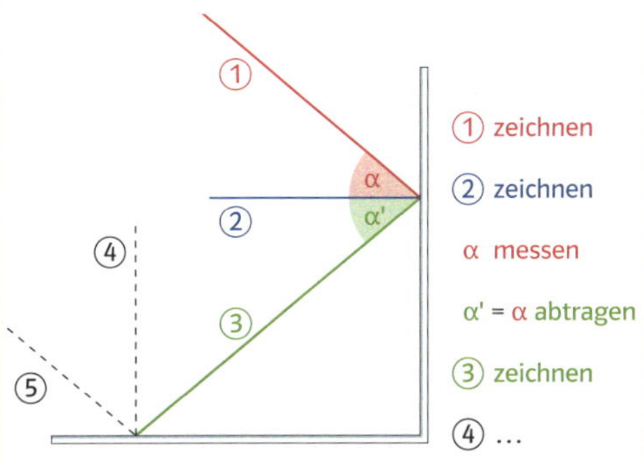

B4 Theorie bei zwei Spiegeln

Die Brechung des Lichtes

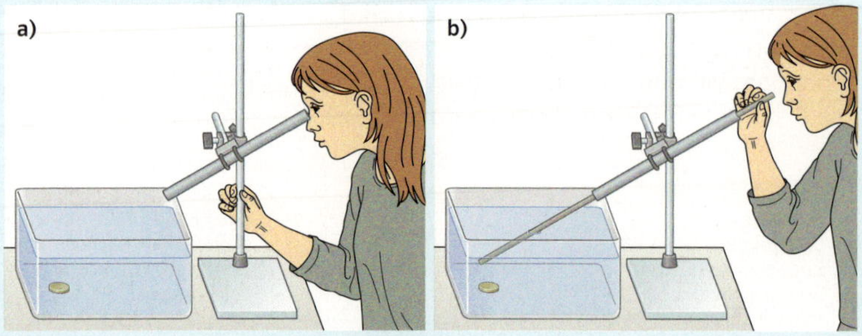

B1 Zielen! (a); Treffen? (b)

B2 Der Lichtweg führt durch Wasser und Luft ins Auge.

V1 Auf dem Boden einer mit Wasser gefüllten Wanne liegt eine Münze. Blicke durch ein Rohr, sodass du die Münze siehst (→ **B1a**). Schiebe dann einen geraden Stab durch das Rohr. Er geht über die Münze hinweg (→ **B1b**). Wiederhole, wenn kein Wasser in der Wanne ist.

V2 Lege eine Münze auf den Boden einer Kaffeetasse. Stelle sie so vor dich hin, dass du die Münze gerade nicht mehr siehst (→ **B3a**). Fülle die Tasse mit Wasser. Jetzt siehst du die Münze (→ **B3b**).

V3 Das linke Rohr in Bild (→ **B2**) enthält an einem Ende eine LED als Lichtquelle.
Blicke durch ein zweites Rohr und versuche die Lichtquelle zu sehen. Es gelingt nur, wenn die Rohre so wie in Bild **B2** ausgerichtet sind.

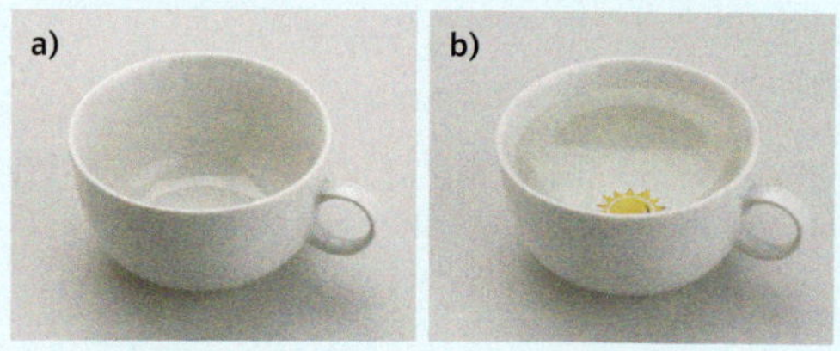

B3

B4 Brechung des Lichtes

Der Knick im Lichtweg Wir richten das schmale Lichtbündel einer Experimentierleuchte von unten auf einen wassergefüllten Trog aus Glas. Wir beobachten: In Wasser und in Luft ist der Lichtweg gerade. An der Wasseroberfläche wird ein Teil des Lichtbündels wie an einem Spiegel reflektiert. Der andere Teil verlässt das Wasser und ändert dabei an der Wasseroberfläche seine Richtung (→ **B4**).

Man nennt diese Erscheinung die **Brechung** des Lichtes. Sie kann immer dann beobachtet werden, wenn Licht von einem durchsichtigen Stoff in einen anderen übergeht z. B. von Luft nach Glas.

● **Ein Lichtbündel ändert beim Übergang von einem durchsichtigen Stoff in einen anderen seine Richtung.**

Die Brechung kann man auch beobachten, wenn der Lichtweg umgekehrt wird. Zur Beschreibung der Brechung zeichnet man wie beim Spiegel senkrecht zur Grenzfläche ein Lot und beschreibt das Verhalten des Lichtes durch die Winkel in den beiden Stoffen (→ **B5**).

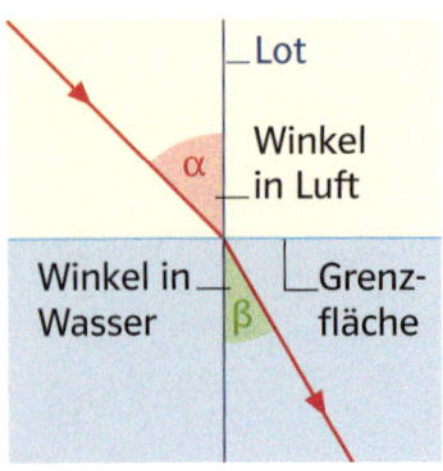

B5 Winkel beschreiben den Knick.

Die Beobachtung zeigt:
- Trifft das Licht senkrecht auf die Grenzfläche, so ändert sich seine Richtung nicht.
- Der Winkel in Luft ist größer als der Winkel in Wasser.
- Je größer der Winkel in Luft ist, desto größer ist auch der in Wasser.

Die Brechung erklärt, warum man den Boden der wassergefüllten Tasse sehen kann, obwohl keine gerade Sichtverbindung besteht (→ **B6**).

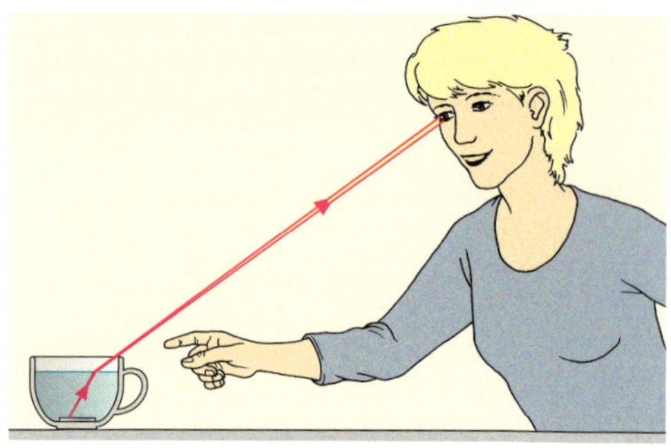

B6 Sehen ohne gerade Sichtverbindung

A1 Erläutere Abbildung **B6**.

Messen – dokumentieren – vorhersagen

In den Naturwissenschaften spielen Experimente eine große Rolle. Aus ihren Ergebnissen werde wichtige Schlüsse gezogen, manchmal gibt es dafür den Nobelpreis. Damit alles nachprüfbar ist, muss über den Ablauf ein sorgfältiges Protokoll geführt werden. Manche Experimente sind sehr teuer und können nur schwer wiederholt werden. Auch dann ist ein Protokoll wichtig. Du kannst das sicher sorgfältiger als **Olaf Römer** (→ **B1**).

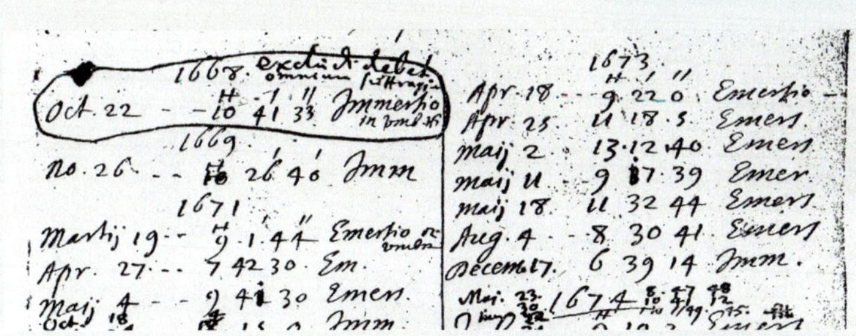
1668
Oct. 22 – – 10 41 33 Immersio
1669
No. 26 – – 26 46 Imm
1671
Martij 19 – 9 1 44 Emersio
Apr. 27 – – 7 42 30 Em.
Maij 4 – – 9 41 30 Emers.
1673
Apr. 18 – – 9 22 0 Emersio
Apr. 25 – 11 18 5 Emers.
Maij 2 – 13 12 40 Emers.
Maij 11 – 9 37 39 Emer.
Maij 18 – 11 32 44 Emers.
Aug. 4 – – 8 30 41 Emers.
Decemb. 7 – 6 39 14 Imm.
1674

B1 Der Astronom Olaf Römer notierte seine Beobachtungen der Jupitermonde im Jahr 1676.

Beispiel eines Protokolls

Mit rot sind die Punkte gekennzeichnet, die in jedem Protokoll auftauchen sollen.

Vorhersagen Wir wollen wissen, wie sich eigentlich die Brechung auswirkt, wenn Licht durch eine Fensterscheibe geht. Wir wissen, dass es auf beiden Seiten gebrochen wird, weil es einmal von Luft zu Glas und auf der anderen Seite von Glas zu Luft wechselt. Wir gehen davon aus, dass sich das Licht in solchen Fällen immer gleich verhält und verwenden deswegen die Erkenntnisse in unserem Protokoll und zeichnen.

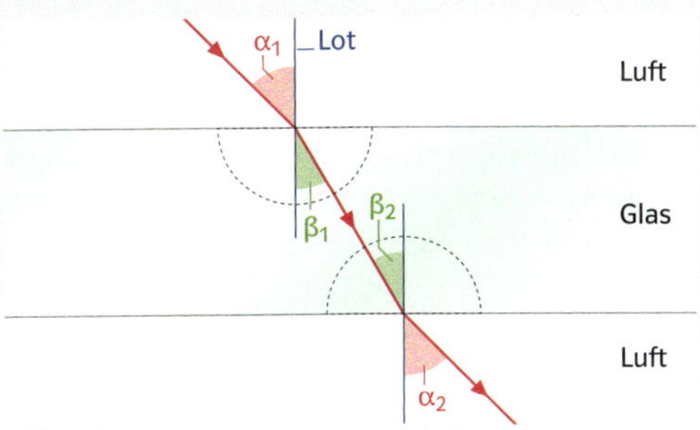

B2 Licht geht durch eine Glasscheibe.

Ein Lichtbündel trifft auf die Scheibe. Wir zeichnen das Lot und messen den Winkel α_1, z. B. 45°. Aus der Tabelle lesen wir dazu $\beta_1 = 30°$ ab. Wir zeichnen den Lichtweg bis zur anderen Seite der Scheibe. Dort zeichnen wir wieder das Lot. Der Winkel in Glas ist $\beta_2 = 30°$. Dazu gehört der Winkel in Luft $\alpha_2 = 45°$. Wir zeichnen damit den weiteren Lichtweg. Wir erkennen, dass die Lichtwege vor und hinter der Glasscheibe parallel und etwas gegeneinander versetzt sind.

■ A1 Erläutere, wie man von einer Werttabelle zu einem Diagramm kommt und wie man Werte aus einem Diagramm abliest.

Versuchsprotokoll

Datum: 29.02.2008 Name: Lea Licht

Thema: Die Winkel bei der Brechung

Material: Halbrunder Glaskörper Scheibe mit Winkelskala, Lichtquelle mit Schlitz

Versuchsaufbau:

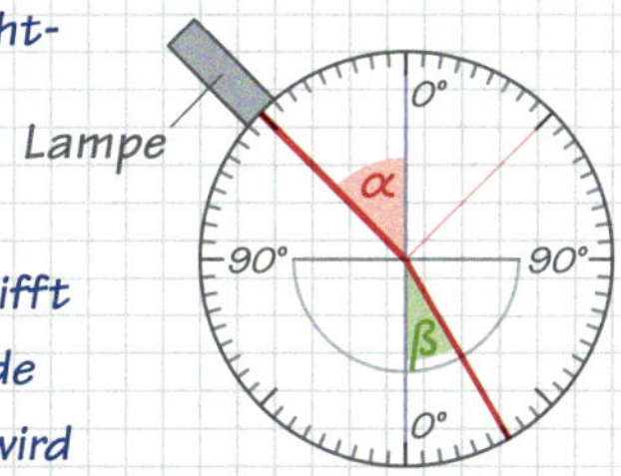

Durchführung:
Ein schmales Lichtbündel trifft im Mittelpunkt auf die gerade Seite des Glaskörpers und wird gebrochen. Es verlässt den Glaskörper an der runden Seite. Der Winkel α in Luft und der Winkel β im Glas werden gemessen. Dies wird für verschiedene Winkel α wiederholt.

Beobachtung und Messwerte:

α	0°	15°	30°	45°	60°	75°
β	0°	10°	20°	30°	35°	41°

α ist immer größer als β. Je größer α ist, desto größer ist β.

Auswertung:
Aus den Messwerten wird ein Diagramm erstellt. Es ergibt sich eine immer flacher ansteigende Kurve. Wenn α seinen größten Wert 90° erreicht hat, ist β erst etwa 45°

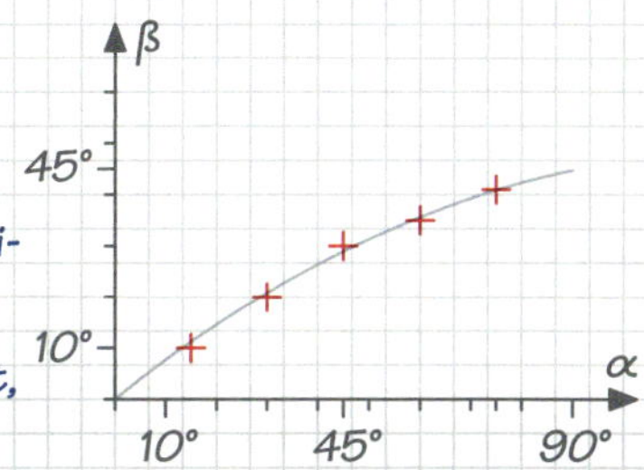

B3

■ A2 Führe die Zeichnung **B2** auch für andere Winkel α_1 aus.

■ A3 Fritz behauptet: Durch eine Fensterscheibe sehe ich die Leute nicht an der richtigen Stelle. Nimm Stellung. Beachte Seite 59.

Exkurs Gefangenes Licht

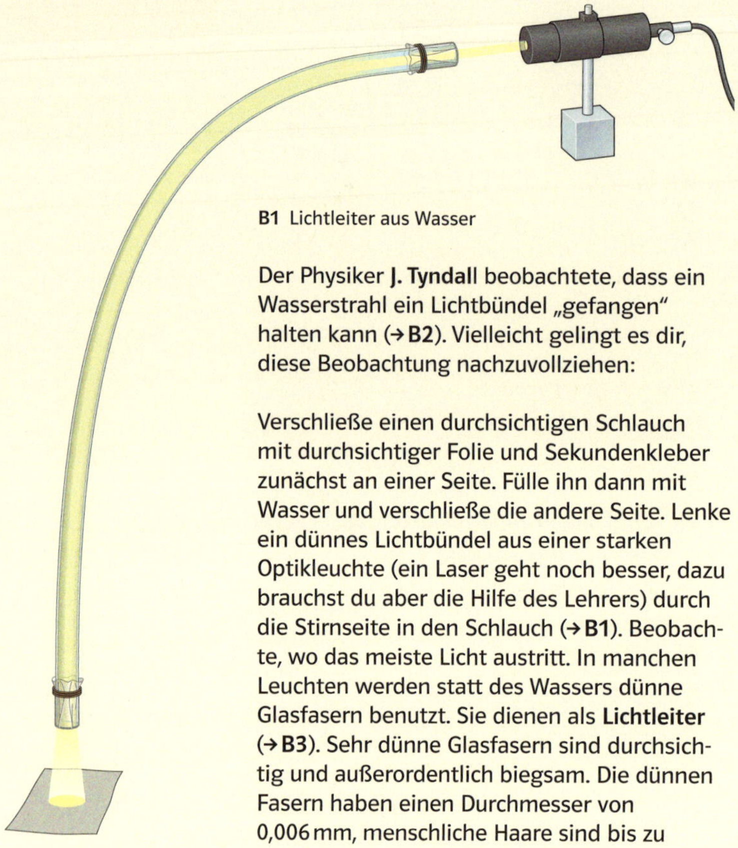

B1 Lichtleiter aus Wasser

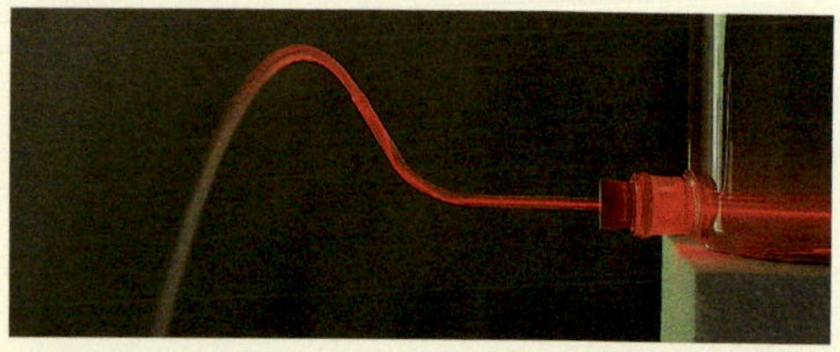

B2 Tyndalls Experiment in moderner Fassung

Der Physiker **J. Tyndall** beobachtete, dass ein Wasserstrahl ein Lichtbündel „gefangen" halten kann (→**B2**). Vielleicht gelingt es dir, diese Beobachtung nachzuvollziehen:

Verschließe einen durchsichtigen Schlauch mit durchsichtiger Folie und Sekundenkleber zunächst an einer Seite. Fülle ihn dann mit Wasser und verschließe die andere Seite. Lenke ein dünnes Lichtbündel aus einer starken Optikleuchte (ein Laser geht noch besser, dazu brauchst du aber die Hilfe des Lehrers) durch die Stirnseite in den Schlauch (→**B1**). Beobachte, wo das meiste Licht austritt. In manchen Leuchten werden statt des Wassers dünne Glasfasern benutzt. Sie dienen als **Lichtleiter** (→**B3**). Sehr dünne Glasfasern sind durchsichtig und außerordentlich biegsam. Die dünnen Fasern haben einen Durchmesser von 0,006 mm, menschliche Haare sind bis zu 10-mal so dick. Ein Bündel solcher Fasern mit 1 mm Durchmesser enthält etwa 27 000 Fasern. Du könntest auf den Grund des Ozeans in 10 000 m Tiefe schauen, wenn das Wasser so durchsichtig wäre wie die Glasfasern.

B3 Glasfasern leiten das Licht.

Glasfasern übertragen Bilder Mit Glasfasern lässt sich Licht auf gekrümmten Wegen leiten. Mit einem ganzen Bündel lassen sich Bilder übertragen (→**B5**). Jede Faser liefert einen Bildpunkt. In der Medizin erspart ein Endoskop (→**B4, B6**) dem Patienten oft aufwendige Operationen. Ein fingerdicker Schlauch, in dem mehrere Glasfaserbündel sind, wird z. B. durch die Speiseröhre in den Magen eingeführt. Durch eines dieser Bündel wird Licht in den Magen geleitet. Das an den Magenwänden gestreute Licht wird durch ein anderes Bündel aus dem Körperinneren auf eine Videokamera übertragen. So kann der Arzt den Magen untersuchen und operieren, ohne ihn zu öffnen.

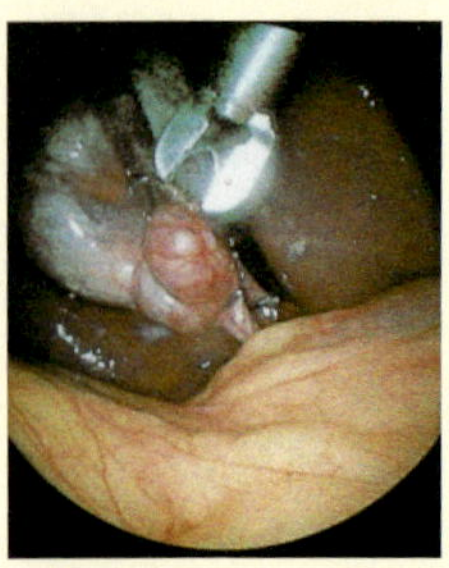

B4 Blick in den Magen

B5 Punkt für Punkt wird das Bild übertragen.

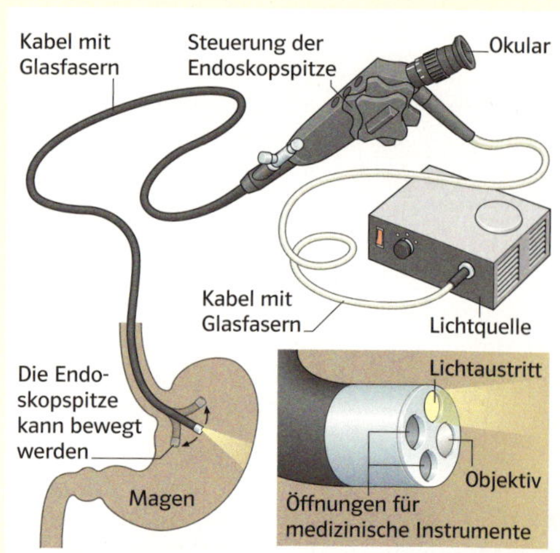

B6 Das Endoskop

Physikalisch argumentieren

Wir beobachten einen Knick im Trinkhalm und sehen ein Stück des Schreibstiftes angehoben.

Wir wundern uns, weil wir den Trinkhalm als gerade kennen und wissen, dass der Schreibstift nicht unterbrochen ist.

Die Wahrnehmung des Unerwarteten führt uns auf Fragen. Manchmal kann die Physik Antworten liefern.

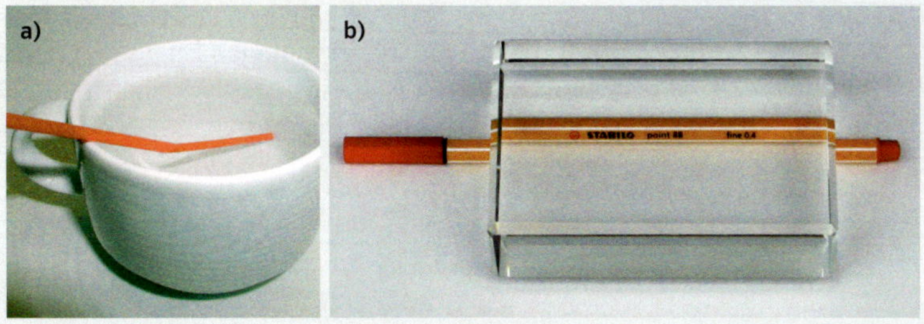

B1 Der Knick im Halm (a); der gehobene Stift (b)

Warum sehen wir den Halm geknickt und ein Stück des Stiftes gehoben? Dazu müssen wir unser **physikalisches Wissen** auf die beobachtete Situation **anwenden**.

Wir **sehen** den Halm und den Bleistift. Also erreicht Licht von diesen Gegenständen unser Auge.

Dort, wo wir Unerwartetes beobachten, führt der Lichtweg durch Wasser bzw. Glas und Luft, also über eine Grenze zwischen zwei durchsichtigen Stoffen. An dieser Grenze wird das Licht **gebrochen**. Die Richtung des Lichtes ist deswegen beim Auge anders als beim Start am Gegenstand.

Der Gegenstand wird in der Richtung des beim Auge ankommenden Lichtes **wahrgenommen**.

Deshalb sieht man die Spitze des Halmes nicht an der Stelle, an der sie sich befindet, sondern weiter oben. Der Halm scheint an der Wasseroberfläche geknickt zu sein, der Bleistift erscheint angehoben.
Bild **B2** fasst die Überlegungen zusammen.

A1 Finde eine Erklärung für die Erscheinung in Abbildung **B3**.

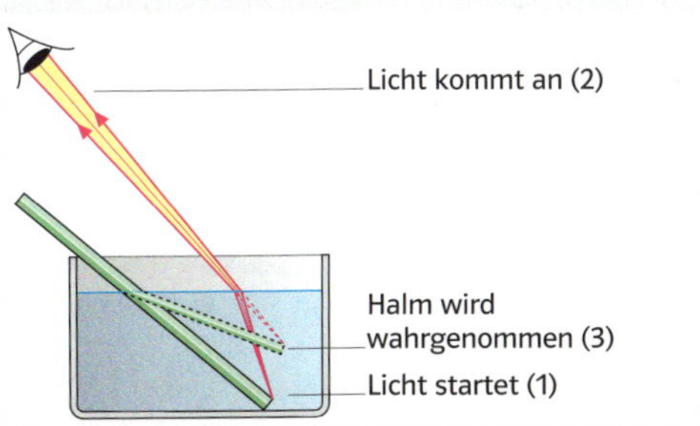

B2 Weil der Lichtweg einen Knick hat, nimmt man das Ende des Halms nicht an der Stelle wahr, an der es sich befindet.

Grundwissen

Kenntnisse über das Sehen, das Wahrnehmen und die Brechung

Über das Sehen Wir sehen einen Gegenstand, wenn Licht von ihm ins Auge gelangt.

Über die Brechung Ein Lichtbündel ändert beim Übergang von einem durchsichtigen Stoff in einen anderen seine Richtung.

Über das Wahrnehmen Beim Wahrnehmen des Gegenstandes wirken Auge und Gehirn zusammen. Das Gehirn geht von der Erfahrung aus, dass Licht sich geradlinig ausbreitet. Gegenstände werden deswegen in der Richtung wahrgenommen, aus der das Licht das Auge erreicht.

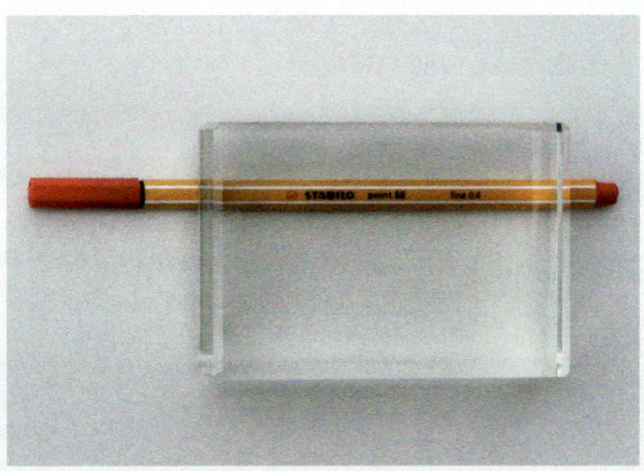

B3 Blick fast senkrecht von oben

Wir nehmen Farben wahr

V1 Entzünde in einem abgedunkelten Raum eine Kerze. Nimm verschiedene Farbstifte in die Hand. Du kannst die Farben erst erkennen, wenn du nahe genug bei der Kerze bist.

V2 Du kannst farbiges Licht erzeugen, wenn du vor eine helle Lichtquelle eine Farbfolie hältst. Beleuchte mit diesem Licht ein weißes Stück Papier. Es erscheint farbig. Betrachte auch die Farbstifte einmal im farbigen Licht. Ihre Farbe hängt von der Beleuchtung ab.

V3 Starre längere Zeit auf das gelbe Feld in Bild **B2** und blicke dann sofort auf das weiße. Es erscheint violett.

V4 Teile eine Pappscheibe in mehrere Felder und färbe sie unterschiedlich (→ **B3**). Wenn die Scheibe schnell rotiert, nimmst du nur noch eine Farbe wahr. Sie richtet sich nach Größe und Farbe der Felder. Bei gleichen Feldern mit rot, grün und blau nimmst du fast weiß wahr. Auch wenn die Scheibe nur schwarz/weiß ist (→ **B1**), erkennst du bei Drehung eine Farbe.

B1

B2 Woher kommt die Farbe?

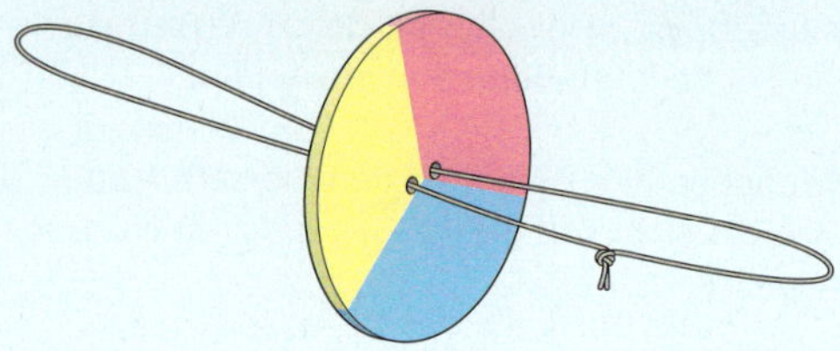

B3 Aus bunt wird weiß.

B4 Bei Tageslicht (a). Bei gelbem Licht (b)

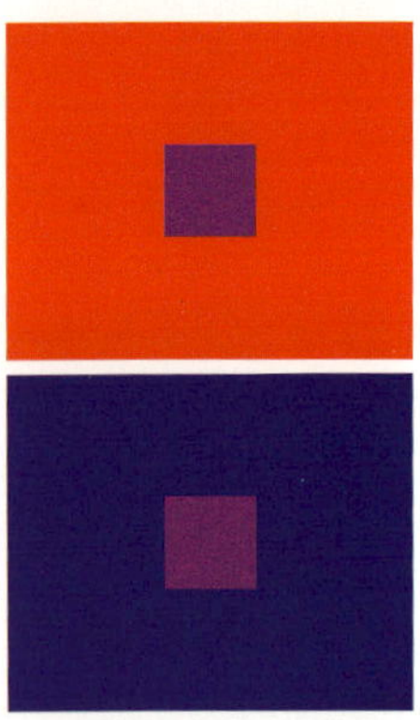

B5 Farbe und Umgebung

Ohne Licht keine Farbe Farbiges Licht können wir erzeugen, wenn wir vor das Sonnenlicht oder eine Glühlampe eine farbige Folie halten. Manche Lichtquellen wie z. B. LEDs oder Straßenleuchten an großen Kreuzungen senden farbiges Licht aus. Das farbige Licht einer Quelle können wir nur erkennen, wenn es direkt in unser Auge gelangt. Wenn wir Gegenstände bei unterschiedlicher Helligkeit betrachten erkennen wir:

- **Die Form eines Gegenstandes erkennt man schon bei sehr geringer Helligkeit, Farbe erst bei hellerem Licht.**

Bild **B4** zeigt einen Blumenstrauß einmal bei Tageslicht, einmal im gelben Licht einer Natriumdampflampe. Der Vergleich zeigt:

- **Die Farbe eines Gegenstandes hängt von der Beleuchtung ab.**

Farbe wird wahrgenommen Das kleine Quadrat in Bild **B5** ist in genau der gleichen Farbe abgedruckt, trotzdem erscheint es uns unterschiedlich. Eine bunte Scheibe erscheint uns in einer einheitlichen Farbe, wenn sie schnell rotiert. Farbeindrücke können sogar entstehen, wenn die Scheibe nur schwarz und weiß enthält.

Die Beobachtungen zeigen:

- **Bei der Wahrnehmung von Farben wirken Auge und Gehirn zusammen.**

Auf der Bühne in Bild (→ **B6**) entsteht das gelbe Licht dort, wo rotes und grünes Scheinwerferlicht zusammentreffen. Eine rotierende Farbscheibe mit rot, grün und blau oder Lichtquellen mit rot, blau und grün führen zu weiß.

Man erkennt:

- **Die Farben rot, grün und blau führen zur Wahrnehmung von weiß.**

B6 Rotes und grünes Licht ergeben gelbes Licht.

Regenbogenfarben

V1 Erster Versuch nach Newton

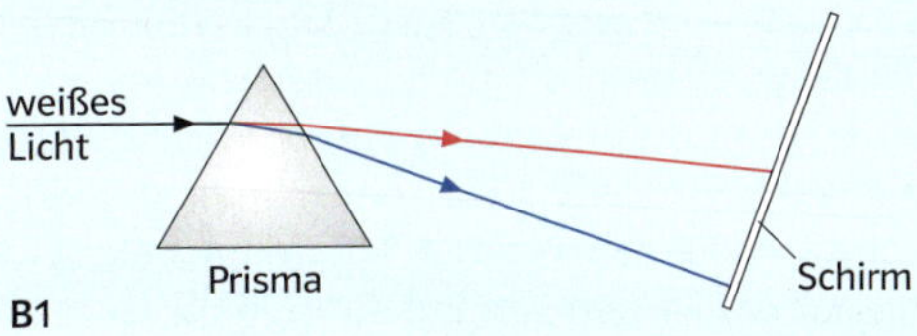

B1

Ein Bündel weißen Lichtes trifft auf ein Prisma (→**B1**). Auf der Wand siehst du Farben wie beim Regenbogen (→**B7**).

V2 Zweiter Versuch nach Newton

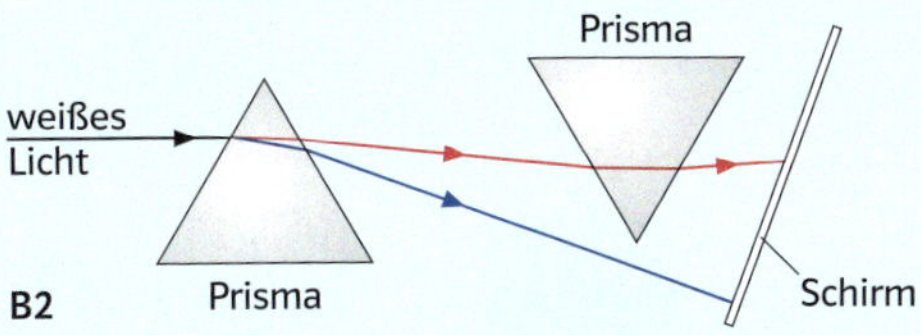

B2

Hält man ein zweites Prisma dicht vor der Wand in das Licht einer Farbe, so wird das Licht abgelenkt, es entsteht aber keine neue Farbe (→**B2**).

V3 Dritter Versuch nach Newton

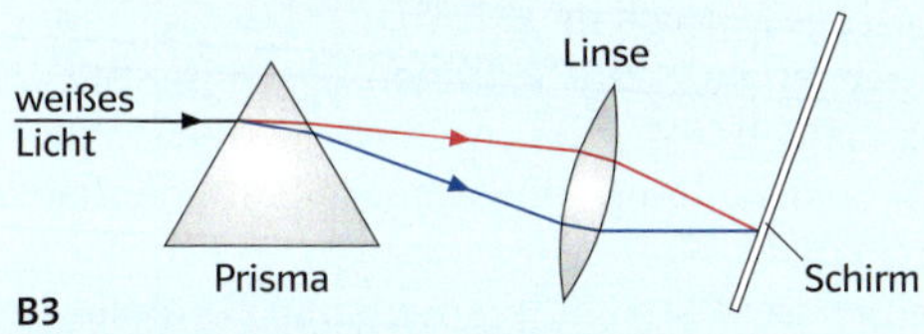

B3

Eine Sammellinse zwischen Wand und Prisma lenkt alles Licht zu einem Fleck zusammen. Dieser Fleck ist weiß wie das Licht vor dem Prisma (→**B3**).

V4 Vierter Versuch nach Newton

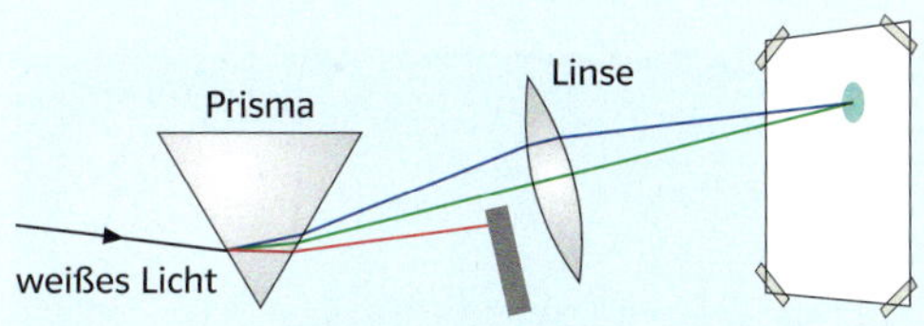

B4

Durch ein Hindernis wird für eine der Farben vor der Linse der Weg unterbrochen. Die Linse erzeugt aus dem Rest einen farbigen Fleck (→**B4**).

B5 Isaac Newton (1643–1727)

B6 Das Spektrum

Weißes Licht, ein Gemisch aus Farben

Sicher hast du schon einmal einen Regenbogen (→**B7**) gesehen. Ähnliche Farben siehst du manchmal an einer Wand. Diese Farberscheinungen treten auf, wenn Licht gebrochen wird. 1666 untersuchte der englischen Physiker **Isaac Newton** (→**B5**) das Licht der Sonne. Er ließ es durch ein kleines Loch auf ein Prisma treffen. An der Wand beobachtete er Farben wie beim Regenbogen. Diese Farben heißen **Spektralfarben**, sie alle zusammen bilden das **Farbspektrum** des weißen Lichtes (→**B6**). Im Versuch kannst du das nachvollziehen (→**B8**).

B7 Regenbogen

Newtons Versuche zeigen uns:
- Bei der Brechung wird weißes Licht in die Farben des Regenbogens zerlegt.
- Das Licht einer Spektralfarbe kann nicht weiter zerlegt werden.
- Wenn alle Regenbogenfarben z. B. durch eine Sammellinse in einem Fleck vereinigt werden, entsteht wieder weißes Licht.

Zusammengefasst ergibt sich:

● **Weißes Licht ist ein Gemisch aus farbigem Licht.**

A1 Beschreibe, wie du schaust und wo die Sonne steht, wenn du einen Regenbogen siehst.

A2 Versuche, mit einem Rasensprenger selbst einen Regenbogen zu erzeugen.

B8 Die Brechung führt zu Farben.

Exkurs

Addieren und subtrahieren von Farben

B1 Normales Spektrum

B2 Spektrum auf gelbem Karton als Schirm

Farbiges Licht aus drei Lampen erzeugt farbige Flecke auf einer Wand. Wo sie sich überschneiden, ergeben sich neue Farben. Man sagt, sie entstehen durch **Farbaddition**. Es zeigt sich, das man aus rot, grün und blau mit verschiedenen Helligkeitsverhältnissen alle Farben erhalten kann (→ **B3a**).
Weißes Licht erscheint hinter einer Farbfolie farbig. Wo sich mehrere Folien überschneiden, entsteht schwarz (→ **B3b**).
Die farbige Folie absorbiert einen Teil der Farben aus dem weißen Licht. Aus dem hindurchgehenden Rest entsteht der Farbeindruck der Mischfarbe. Man sagt, sie entsteht durch **Farbsubtraktion**.

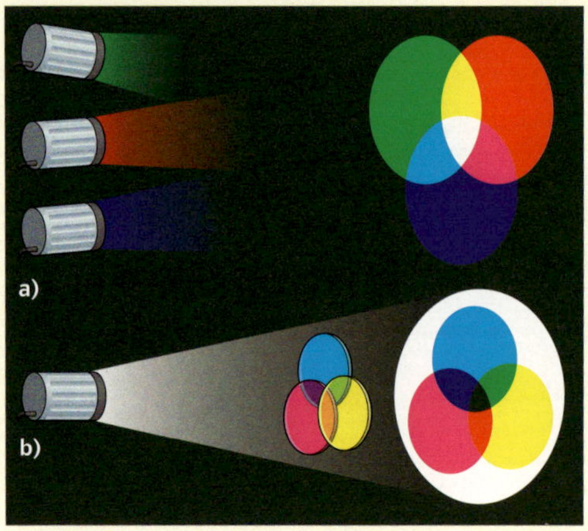

B3 Farben werden addiert und subtrahiert.

Auch bei der Reflexion von weißem Licht an einem Körper werden einige Farbanteile absorbiert, andere werden bevorzugt reflektiert. Abbildung **B1** zeigt die Spektralfarben des weißen Lichtes auf weißem Papier. Wir erhalten ein anderes Bild, wenn wir kein weißes, sondern farbiges Papier verwenden. Auf gelbem sieht man nur die Farben von Rot-Orange bis Grün. Dieses Licht wird reflektiert. Das Licht anderer Farben wird absorbiert (→ **B2**).
Auf diese Weise entstehen viele der Farben in der Umwelt (→ **B4**).

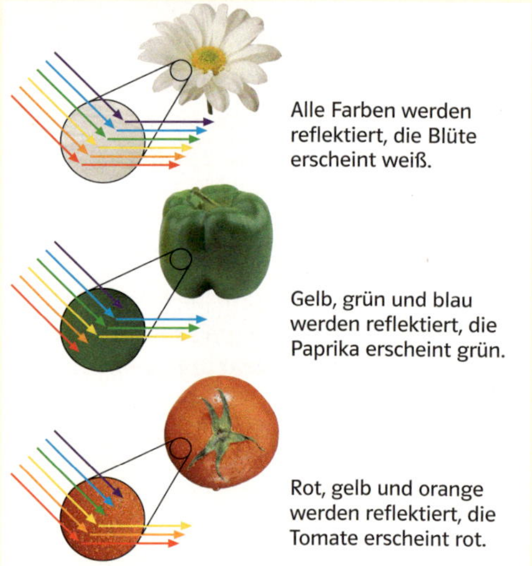

B4 Das reflektierte Licht bestimmt die Farbe.

Farbfernsehen – drei Bilder in einem

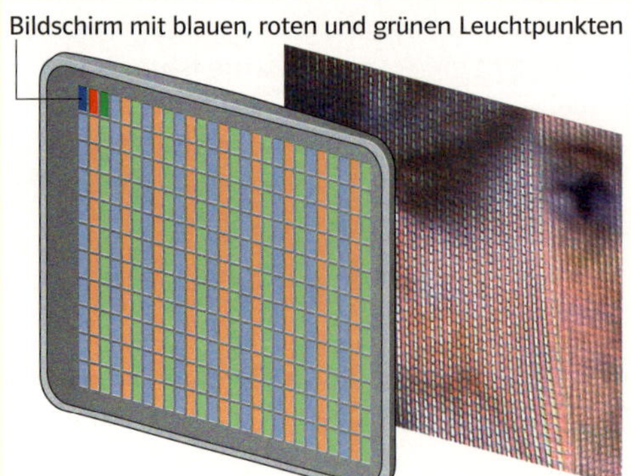

B5

Betrachtet man den Bildschirm eines Farbfernsehers durch eine Lupe, so sieht man lauter kleine Leuchtstreifen in den drei Farben Rot, Grün und Blau, aus denen sich die Bilder zusammensetzen. Ihr Licht addiert sich zu Licht einer Farbe, da unser Auge die verschiedenen, nahe beieinander liegenden Lichtquellen aus der Entfernung nicht mehr voneinander unterscheiden kann. Leuchten alle drei Leuchtstreifen auf, so erscheint der Bildpunkt weiß; werden sie alle drei nicht zum Leuchten gebracht, bleibt die Stelle auf dem Schirm schwarz. Durch Abschwächen einzelner Farbanteile lassen sich alle Farben erzeugen.

Farben gedruckter Bilder Auch gedruckte Farbbilder bestehen aus winzig kleinen Farbpunkten, die man mit den Druckfarben Cyan, Gelb, Magenta (und Schwarz) erzeugt. Da die durchscheinenden Farben auch übereinander gedruckt werden, muss man ihre Wirkung zusätzlich mit der Farbsubtraktion erklären.

Farben werden gemischt

Werkstatt

Lernstationen:
In nebenstehenden Lernstationen beschäftigst du dich mit dem Mischen von Farben. Folge den Anleitungen sorgfältig.
Vergleiche am Ende die Aussagen aus den verschiedenen Stationen.

Station I

Bunt und weiß

Bohre in eine Pappscheibe von etwa 10 cm Durchmesser nahe der Mitte zwei kleine Löcher. Ziehe einen Faden so durch die Löcher, wie es die Abbildung zeigt. Färbe die Scheibe mit farbigen Punkten. Halte die Enden der Schlaufen in deinen Händen und verdrille den Faden durch Drehen der Scheibe.

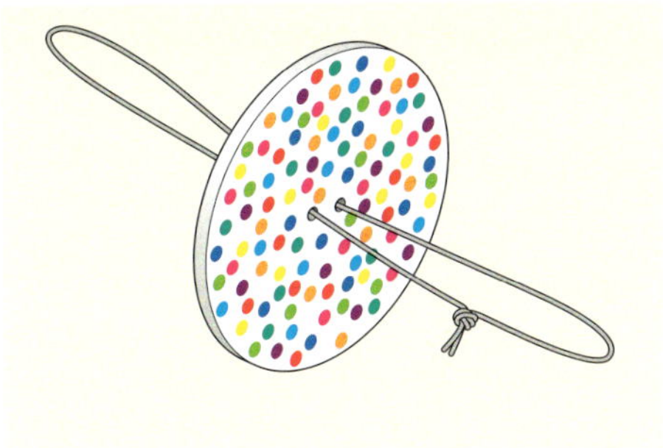

Ziehe am Faden des Farbmischkreisels, so dass die Scheibe sich schnell oder langsam dreht.

Versuche durch Wahl der Punkte bestimmte Farben beim Drehen zu erzeugen. Versuche durch Anordnung der Punkte Muster beim Drehen zu erzeugen.

Station II

Bunt und schwarz

Schneide aus verschiedenen farbigen Kunststofffolien oder Transparentpapier etwa 2,5 cm breite Streifen. Lege sie zu einem Schachbrettmuster z. B. auf einen Overheadprojektor. Wenn du sie mit Klebeband in einem Rahmen befestigst, kannst du das ganze auch vor ein Fenster hängen.

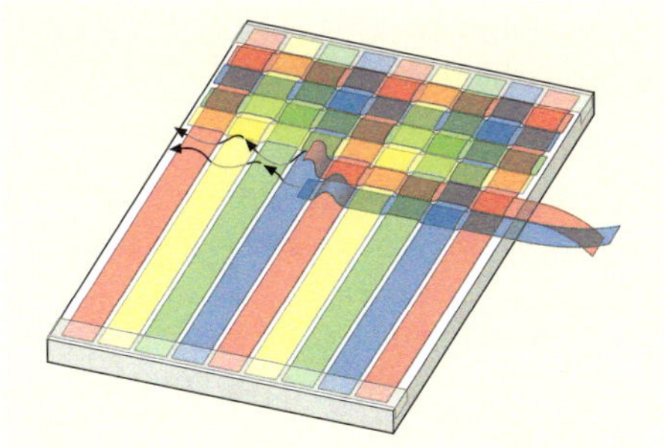

Betrachte des Projektorbild oder schaue gegen Licht auf die Folien am Fenster. Beobachte die entstehenden Farben. Versuche durch Kombination von Folien bestimmte Farben zu erzeugen. Lege auch mehr als zwei Streifen übereinander.

Station III

Malen mit Farben

Für dieses Experiment brauchst du Tuschkasten, Pinsel und Malpapier. Die Farben im Tuschkasten lassen sich mischen.

Mische jeweils 2 Farben.
Stellen eine „Musterbogen" mit mehreren Beispielen her.

Station IV

Farbige Schatten

Erzeuge mit einer Experimentierleuchte farbige Lichtbündel. Sorge dafür, dass sich die Lichtbündel zum Teil überschneiden.

Setze einen Stift an verschiedenen Stellen senkrecht auf das Papier. Notiere die Farbe des entstehenden Schattens.

Rückblick

Auf den vorhergehenden Seiten hast du einige Versuche, neue Begriffe und Erklärungen kennengelernt. Wenn du die folgenden Aufgaben bearbeitest, erstellst du dir selbst eine Zusammenfassung des Kapitels und kannst überprüfen, ob du das Wichtigste verstanden hast. Bist du an einer Stelle unsicher, dann schlag noch einmal nach.

1 Begriffe

Was versteht man unter
- der Reflexion von Licht?
- der Streuung von Licht?
- der Brechung von Licht?
- einem Reflektor?
- einem Lichtleiter?
- Spektralfarben?

2 Beobachtungen

Was beobachtet man, wenn
- man mit Taschenlampe und Spiegel auf einer Wand einen Lichtfleck erzeugt und den Spiegel etwas bewegt?
- ein Lichtbündel auf eine Grenzfläche von Luft und Wasser trifft?
- ein Bündel weißen Lichtes durch ein Prisma gelangt und auf einen Schirm trifft?

3 Erklärungen

Wie lässt sich erklären, dass
- man bei Tageslicht die meisten Gegenstände sehen kann, egal aus welcher Richtung man schaut?
- die Straßenverkehrsordnung für das Fahrrad Reflektoren vorschreibt?
- die Beine eines Menschen kürzer aussehen, wenn er im Wasser steht?
- an einer Wand manchmal Regenbogenfarben erscheinen?

4 Gesetzmäßigkeiten

Beschreibe mit eigenen Worten,
- wie sich Licht verhält, wenn es auf einen Spiegel trifft.
- wie Newton herausgefunden hat, dass das Sonnenlicht ein Gemisch von Licht mit den Farben des Regenbogens ist.
- wie es möglich ist, Licht ins Innere des menschlichen Körpers zu lenken.

Erläutere die Erscheinungen in den folgenden Bildern und bearbeite die Aufgaben!

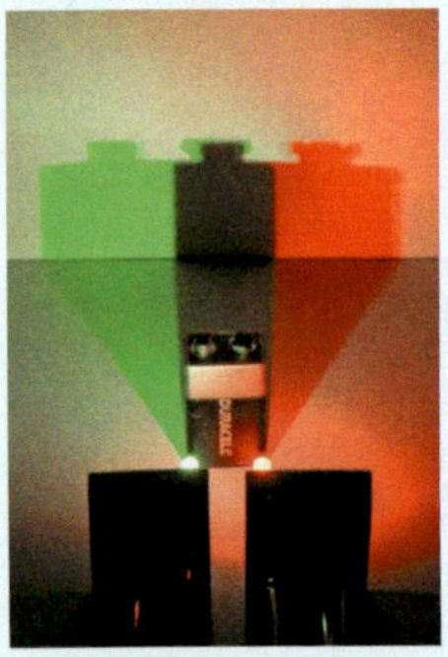

B1 Wie kommen die Farben auf dem Schirm zustande?

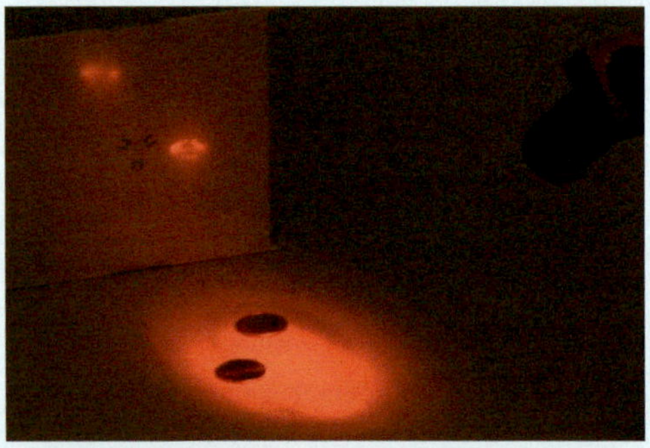

B2 Wie hängen die kleinen dunklen und hellen Flecken zusammen?

B3 Wie würde das aussehen, wenn das Meer ganz glatt wäre?

B4 Welches Verhalten von Licht wird in diesem Experiment deutlich?

B5 Ist der Pfirsich reif oder noch grün?

Beispiele

Eine Rätselschachtel Ein Bündel weißen Lichtes tritt durch eine Öffnung in eine Schachtel ein und auf der gegenüberliegenden Seite wieder aus. Bild **B1** zeigt den Verlauf des Bündels. Das austretende Bündel ist rot. Was könnte sich in der Schachtel befinden? In der Schachtel soll sich keine Lichtquelle befinden.

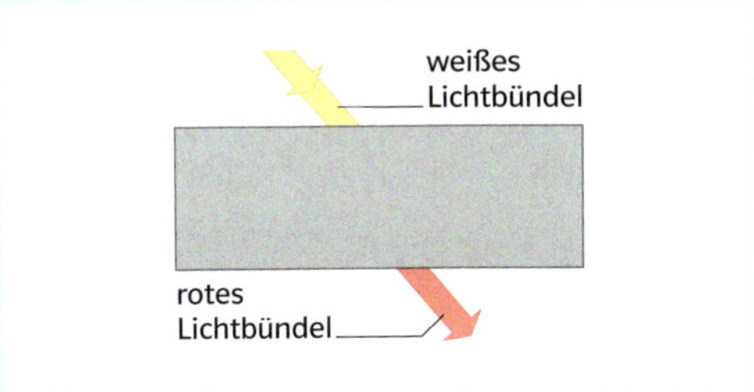

B1

Zwei Beobachtungen sind zu klären:
1. Die Farbänderung: Auf seinem Weg muss das Lichtbündel irgendwo in der Schachtel durch eine rote durchsichtige Folie hindurchgehen.
2. Der Verlauf: Das Bündel verläuft nicht gerade, die Richtungen vor und nach der Schachtel sind aber parallel. Der Lichtweg muss also wie in Bild **B2** verlaufen. Das Lichtbündel muss zweimal seine Richtung ändern. Richtungsänderungen erfolgen bei Reflexion oder Brechung.
Eine Lösung mit der Reflexion zeigt Bild **B3**. Man braucht zwei Spiegel, die parallel sind. Eine Lösung mit der Brechung findet sich auf Seite 57. Man braucht ein Stück aus durchsichtigem Material, bei dem zwei gegenüberliegende Flächen parallel sind.

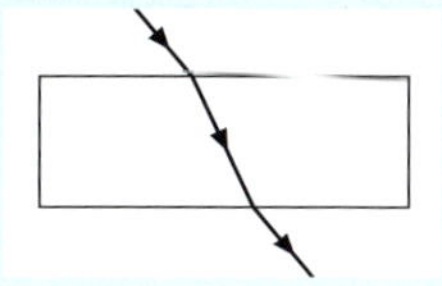
B2

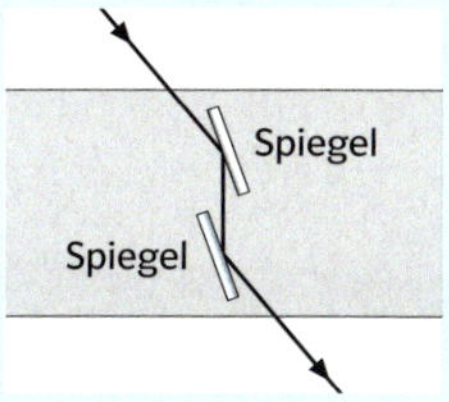

B3

Heimversuche

1 Das schwärzeste Schwarz Du brauchst einen kleinen Karton. Der Karton muss rundherum dicht verschlossen sein. Male jetzt eine Seite schwarz an oder beklebe sie mit schwarzem Papier. Mache jetzt in diese Wand ein kleines Loch. Was ist schwärzer?

2 Der schnelle Lichtfleck Erzeuge mit einer Taschenlampe und einem Spiegel einen Lichtfleck an der Wand. Bewege den Spiegel etwas und beobachte den Lichtfleck. Kannst du so feststellen, ob jemand eine „ruhige Hand" hat?

3 Lichtweg mit Stecknadeln Stelle einen Spiegel senkrecht auf ein Stück Styropor. Lege vor den Spiegel ein Stück Papier und zeichne wie im Bild **B4** angedeutet eine Linie. Stecke darauf Nadeln, im Bild sind zwei gezeichnet. Wenn du in Richtung der Linie zum Spiegel schaust, sollten sich alle Nadeln verdecken. Behalte deine Augenposition bei und stecke weitere Nadeln z. B. bei O ein. Du kannst sie im Spiegel sehen. Du steckst sie aber erst ein, wenn du sie auch mit den ersten Nadeln auf einer Linie siehst.
Was sagt der Versuch über den Weg des Lichtes von der Nadel bei O zu deinem Auge?

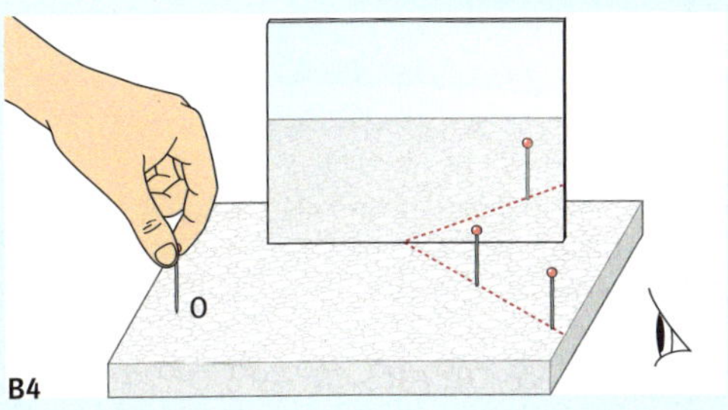

B4

4 Ein Zauberglas Stelle ein mit Wasser gefülltes Glas auf eine Münze und decke es zu, z. B. mit einem Teller (→ **B5**). Blickst du von Seite aus unter das Glas, so siehst du die Münze. Hebst du nun den Kopf etwas hoch und schaust durch das Glas nach unten zur Münze, so ist sie verschwunden.
Bewege auf der einen Seite des Glases einen Finger hin und her. Schaue durch das Glas zum Finger.
Welche Eigenschaft des Lichtes führt zu diesen Erscheinungen?

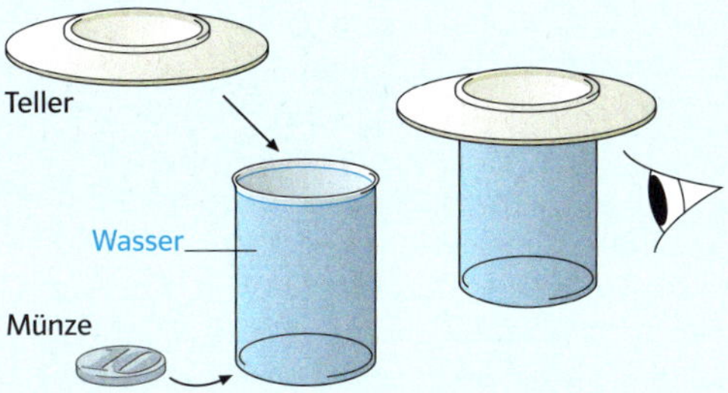

B5

5 Blauer Himmel und Abendrot Fülle einen glatten Glasbecher mit Wasser. Gib einen Esslöffel Milch dazu, so dass eine bläulichweiße Flüssigkeit entsteht. Strahle mit dem gebündelten Licht einer Taschenlampe durch diese Flüssigkeit (→ **B6**). Von oben gesehen erscheint das Lichtbündel in der Milch bläulich. Dem Lichtbündel von der Seite entgegengeblickt siehst du rötliches Licht. Das rote Licht wird besser durchgelassen, das blaue stärker gestreut. So kommen auch Farben zustande, die du am Himmel beobachten kannst.

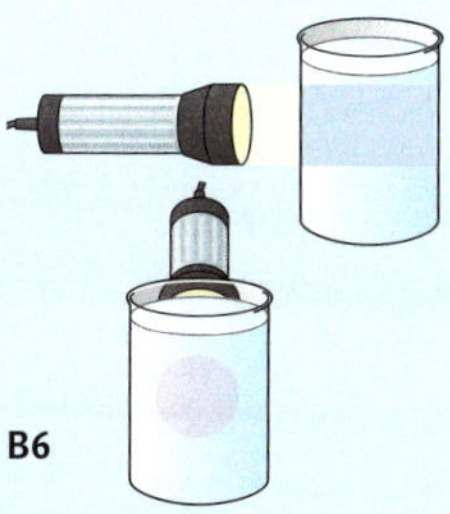
B6

Aufgaben

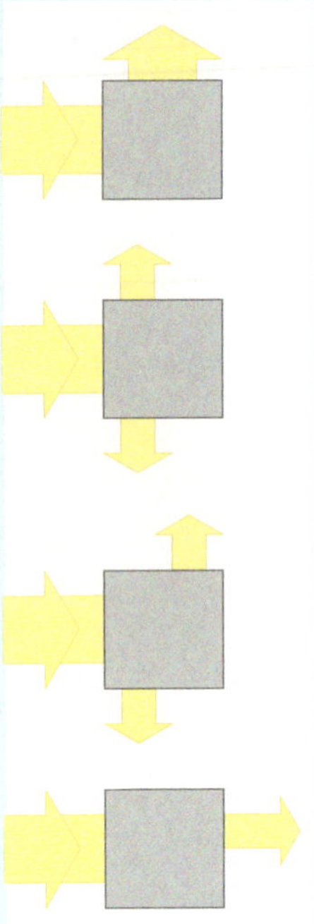

B1

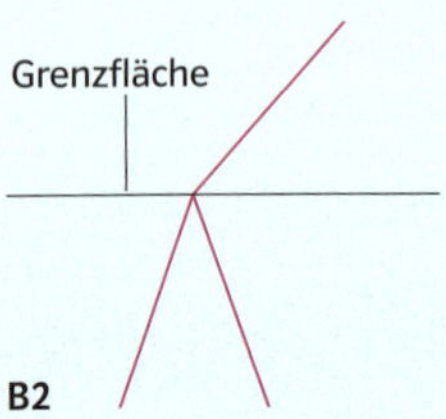

B2

Reflexion und Streuung von Licht

1 In einem dunklen Raum beobachtest du von der Seite, wie jemand einen Lichtstrahl zunächst auf ein weißes Papier und dann auf einen Spiegel richtet. Warum sieht das Papier hell aus und der Spiegel dunkel?

2 Bei der indirekten Beleuchtung eines Zimmers richtet man das Licht der Lampe auf helle Flächen wie Decke und Wand.
a) Wie kommt die Helligkeit im Raum zustande?
b) Warum ist diese Art der Beleuchtung fast schattenlos?

3 Warum haben die Projektionswände für Filme eine raue und weiße Oberfläche? Warum verwendet man hierfür nicht Spiegel, die doch das Licht sehr gut reflektieren können?

4 Ein Lichtbündel tritt von links in einen Kasten ein. Im Kasten befinden sich Spiegel. Das Bild zeigt Lichtbündel, die aus dem Kasten herauskommen (→ **B1**). Zeichne die Spiegel im Kasten.

Brechung des Lichtes

5 Ein Lichtbündel trifft auf die Grenzfläche zwischen Glas und Luft (→ **B2**).
a) Auf welcher Seite ist Glas, auf welcher Luft? Wo befindet sich die Lichtquelle?
b) Zeichne das Lot sowie die Winkel in Luft und Glas ein.
c) Was wäre zu beobachten, wenn der Winkel in Glas vergrößert wird?

6 Von Indianern erzählt man, dass sie mit Speeren oder Pfeilen aus Booten heraus Fische jagen. Zielen und treffen erfordern in diesem Fall große Erfahrung. Erläutere die Schwierigkeiten aufgrund deiner Kenntnisse über das Sehen und das Verhalten von Licht.

B3

7 a) Erläutere den in Bild **B4a** skizzierten Weg des Lichtes durch ein Prisma.
b) Zwei Nadeln sind wie in **B4b** an einer Seite eines Prismas eingesteckt. Jemand behauptet:

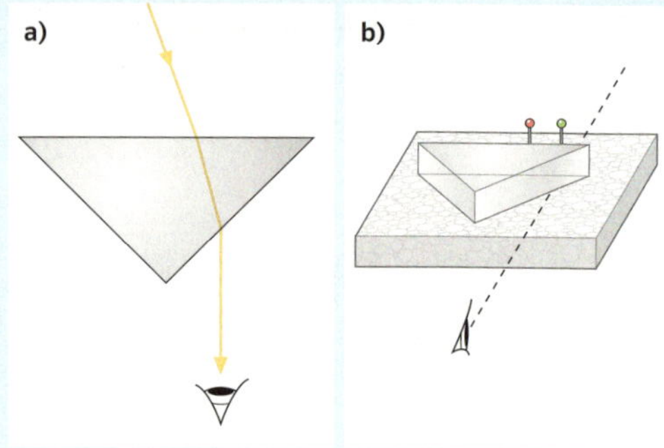

B4

Das untere Ende der roten Nadel durch das Prisma und das obere Ende der grünen Nadel über das Prisma gesehen sehen zusammen wie eine Nadel aus. Kann das richtig sein?

8 Wenn man weißes Licht durch ein Prisma schickt, ist auf einem Schirm eine Farberscheinung zu beobachten. Beschreibe sie.

Farbiges Licht

9 Bild **B5** zeigt das Spektrum des Sonnenlichtes auf weißem Papier.
Beschreibe, was du siehst, wenn es
a) auf rotem Papier erzeugt wird.
b) durch eine grüne Folie betrachtet wird.

B5

10 Eine Schauspielerin wird auf der Bühne gleichzeitig mit einem grünen und einem roten Scheinwerfer angestrahlt.
a) Welche Farbe zeigt ihre weiße Bluse?
b) Welche Farben haben ihre Schatten auf dem Boden?

11 Der Regisseur möchte, dass das Kleid der Schauspielerin auf der Bühne zunächst strahlend gelb erscheint, dann aber plötzlich schwarz wird. Fällt dir eine Lösung für die Farbe der Bekleidung und der Beleuchtung ein?

Licht erzeugt Bilder

Du klebst deine Fotos vom letzten Ausflug in ein Album. Nur das Foto mit dem Schloss macht Probleme!

Spiegelbilder

B1 „Brennt" die Kerze hinter der Scheibe auch dann weiter, wenn man sie unter Wasser setzt?

B3 Gegenstände mit Spiegelbild

V1 Mit Hilfe einer sauberen Glasscheibe lässt sich von der Flamme einer brennenden Kerze ein Spiegelbild erzeugen (→ **B1**). Dorthin, wo sich das Spiegelbild befindet, wird ein Glas mit einer gleichen nicht brennenden Kerze gestellt. Wird das Glas mit Wasser gefüllt, so sieht es aus, als würde die Kerze unter Wasser brennen.
Der Abstand von brennender und nicht brennender Kerze zur Glasscheibe ist genau gleich.

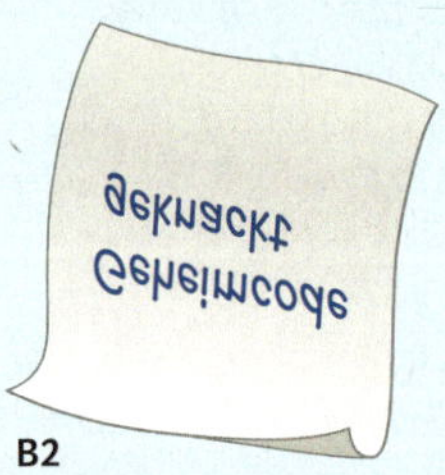

B2

V2 Entziffere die Geheimschrift in Abbildung **B2**. Schreibe dann selbst einige Worte in Spiegelschrift. Dein Nachbar soll herausfinden, was du geschrieben hast. Überprüft mit einem Spiegel, ob alle Buchstaben richtig sind.

V3 Stelle ein Spielzeugauto vor einen Spiegel (→ **B3**), der in West-Ost-Richtung ausgerichtet ist. Bewege das Auto nach Osten und Westen sowie nach Norden und Süden und beobachte das Spiegelbild. Beschreibe deine Beobachtungen.
Das Spiegelbild bewegt sich wie das Original nach Westen oder Osten. Wenn das Spielzeugauto nach Norden bewegt wird, bewegt sich das Spiegelbild nach Süden und umgekehrt.

V4 Lege eine Spiegelfliese auf den Boden, halte einen Gegenstand darüber und wiederhole die Bewegungen von Versuch **V3**.
In allen Fällen bewegen sich Spiegelbild und Original in die gleiche Richtung.

Eigenschaften des Spiegelbildes Auf der Oberfläche eines Spiegels wird das auftreffende Licht reflektiert. Wenn es in unser Auge trifft, sehen wir ein Spiegelbild. Da das Spiegelbild gegenüber dem Original nicht gedreht erscheint, sagt man, es ist aufrecht. Es ist außerdem farbecht, d.h. alle Farben sind genauso wie beim Original.

Wir stellen vor und hinter eine Glasscheibe jeweils eine Kerze (→ **B1**) und entzünden diejenige vor der Scheibe. Sofern die gedachte Verbindung beider Kerzen senkrecht zur Glasscheibe verläuft und beide Kerzen gleich weit von ihr entfernt sind, sieht es aus, als würde auch die Kerze hinter der Glasscheibe brennen. Dies zeigt uns:

1 Das Spiegelbild eines Gegenstandes liegt hinter dem Spiegel.
2 Gegenstand und Spiegelbild befinden sich im gleichen Abstand zum Spiegel.
3 Die Verbindungslinie vom Gegenstand zum Spiegelbild steht senkrecht auf der Spiegelebene.

Mit Hilfe eines Kompasses können wir überprüfen, ob sich Gegenstand und Spiegelbild in die gleiche Richtung bewegen. Verwenden wir einmal einen aufrecht stehenden und einmal einen am Boden liegenden Spiegel, so erkennen wir, dass sich die Bewegungsrichtung von Gegenstand und Spiegelbild nur bei Bewegungen auf den Spiegel zu und von ihm weg unterscheidet.

● Ein Spiegel vertauscht bei Bewegungen senkrecht zur Spiegelebene die Bewegungsrichtung von Gegenstand und Spiegelbild.

Abbildung **B1** zeigt, wie ein Spiegelbild entsteht: das Gehirn geht davon aus, dass das Licht, welches in unsere Augen trifft, geradlinig verläuft. Daher sehen wir ein Bild des Gegenstandes dort, wo der Gegenstand hinter dem Spiegel stehen würde, wenn sein Licht gerade zu uns gelangen würde.

Geometrisch ist der Spiegel eine Symmetrieachse für Original und Spiegelbild. Alle Eigenschaften der Achsenspiegelung sind auch für Spiegelbild und Original richtig.

A1 Ein Luftballon steigt über einem am Boden liegenden Spiegel auf. Beschreibe die Eigenschaften des Spiegelbildes.

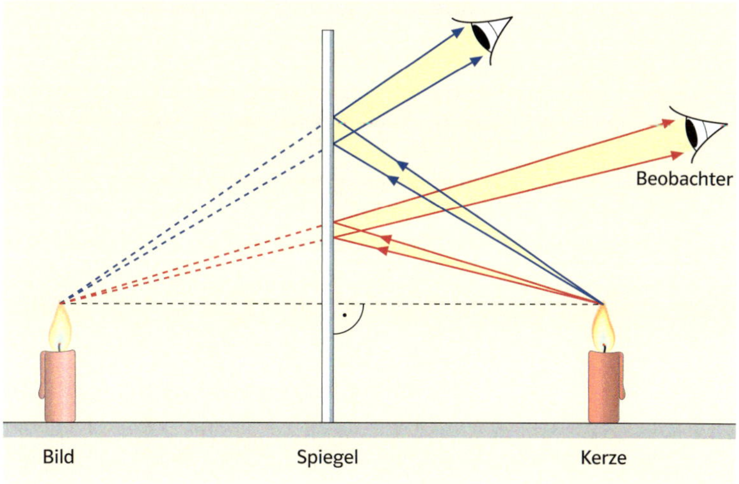

B1 Wie ein Spiegelbild entsteht.

Zaubertricks mit Spiegeln

Exkurs

Periskop Mit einem Periskop kann man über eine Mauer oder um eine Ecke spähen. Man braucht nur zwei kleine Spiegel und ein weites Papprohr. Die Spiegel müssen so im Rohr befestigt werden, dass das Licht von dem ersten Spiegel auf den zweiten Spiegel, und von diesem in das Auge des Betrachters gelenkt wird (→ **B2**). Mit zwei Periskopen lässt sich eine Apparatur bauen, mit der man anscheinend durch einen undurchsichtigen Gegenstand hindurch blicken kann (→ **B3**).

Schwebende Jungfrau In einem stabilen Kasten, der innen schwarz angemalt ist, wird eine Glasscheibe aufgestellt (→ **B4**). In der vorderen linken Ecke liegt eine für den Zuschauer nicht sichtbare kleine Puppe auf einer schwarzen Unterlage.

Ist nur die Lampe hinter der Glasscheibe an, sieht man einen leeren Kasten. Brennt dagegen nur die Lampe über der Puppe, so scheint die Puppe im Kasten zu schweben.

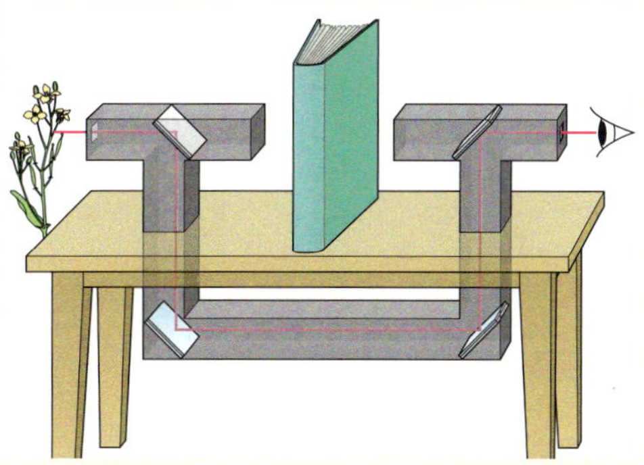

B3 Kann man damit durch das Buch hindurch blicken?

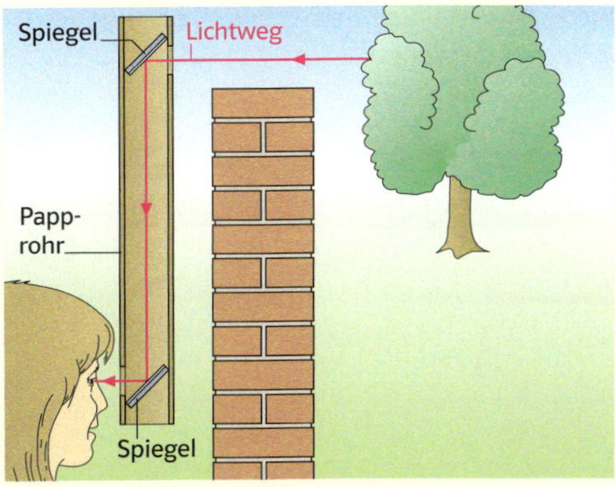

B2 Periskop

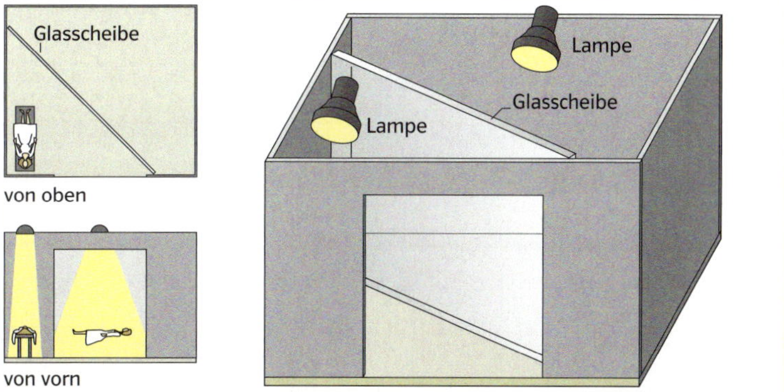

B4 Die „schwebende Jungfrau"

Löcher machen Bilder

V1 Zwischen eine Kerze und einen durchscheinenden Schirm stellen wir eine Blende mit veränderbarer Öffnung (→ **B1**). Bei großer Öffnung der Blende beobachten wir auf dem Schirm einen hellen Lichtfleck. Wenn wir die Öffnung verkleinern, wird der Fleck dunkler. Bei sehr kleiner Öffnung wird ein Bild der Flamme erkennbar.

V2 Nun verändern wir die Entfernung zwischen Kerze und Blende sowie zwischen Blende und Schirm. Dabei verändert sich die Größe des Kerzenbildes.

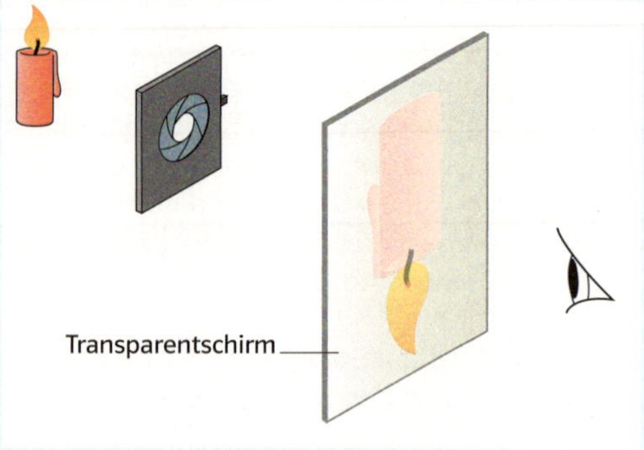

B1

V3 Wir ersetzen die Kerze durch eine Anordnung verschiedenfarbiger, punktförmiger Lampen. Auf dem Schirm erzeugt jede Lampe einen Lichtfleck, der sich mit der Blendenöffnung verkleinert. Die Lichtflecke ergeben ein umgekehrtes Bild der Lampenanordnung.

Bilder aus Lichtflecken Gelangt Licht von einem hellen Gegenstand durch eine Blende auf einen Schirm, so ist darauf ein **Bild** des Gegenstandes zu erkennen. Das Bild ist, verglichen mit dem Gegenstand, **umgekehrt**, es steht auf dem Kopf und ist seitenverkehrt. Die Größe des Bildes hängt vom Abstand zwischen Gegenstand und Blende und vom Abstand zwischen Blende und Schirm ab.

● **Je kleiner der Abstand zwischen Gegenstand und Blende, desto größer ist das Bild.**

Zur Erklärung denken wir uns die Kerzenflamme aus ganz vielen kleinen Lichtquellen zusammengesetzt. Jede dieser winzigen Lichtquellen ruft einen kleinen Lichtfleck auf dem Schirm hervor (→ **B3**). Die Blende sorgt dafür, dass nebeneinander liegende Stellen der Flamme auch nebeneinander liegende Flecke auf dem Schirm ergeben. Alle Lichtflecke zusammen lassen ein Bild der Kerzenflamme entstehen.

● **Das mit einer Blende erzeugte Bild eines Gegenstandes besteht aus vielen kleinen Lichtflecken.**

Bilder in diesem Buch oder im Fernsehgerät bestehen ebenfalls aus einer großen Zahl von winzigen Lichtflecken.

Bei großer Öffnung der Blende entstehen große Lichtflecke, die sich auch überlappen (→ **B4**). Das Bild ist unscharf und der Gegenstand ist im Bild kaum zu erkennen. Je kleiner die Öffnung der Blende ist, desto kleiner sind die Lichtflecke. Das Bild wird schärfer, jedoch weniger hell (→ **B3**).

● **Ein scharfes Bild entsteht nur, wenn die Lichtflecke ausreichend klein sind.**

A1 Untersuche, wie sich das Bild verändert, wenn du zwei dicht nebeneinander liegende Blenden verwendest.

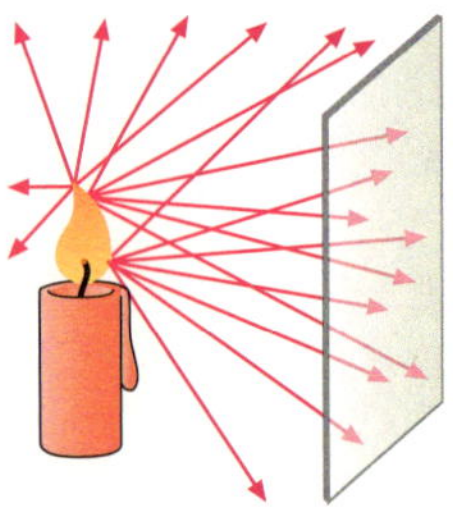

B2 Ohne Blende trifft auf jeden Punkt des Schirms Licht von jedem Punkt der Flamme. Wir erkennen kein Bild.

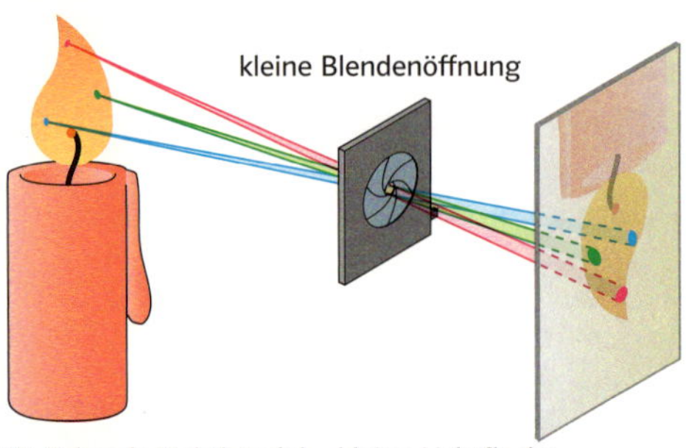

B3 Schmale Lichtbündel – kleine Lichtflecke

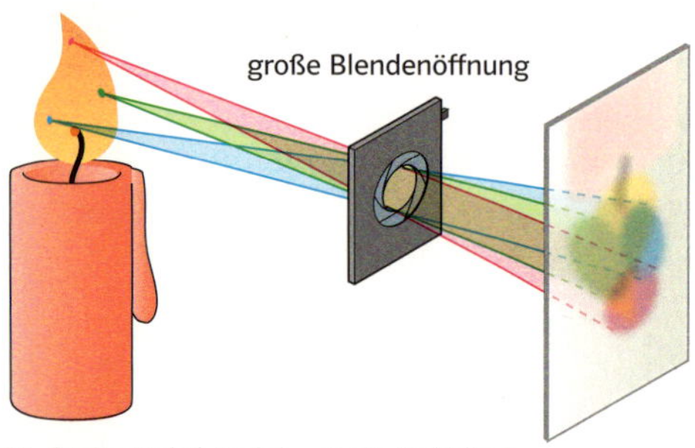

B4 Breite Lichtbündel – große Lichtflecke

Wir bauen eine Lochkamera

Ein Vorgänger des Fotoapparats ist die **Lochkamera**. Sie wurde früher von Malern benutzt, um z. B. Landschaften abzumalen (→ **B1**).

Die Lochkamera besteht aus einem lichtundurchlässigen Kasten, bei dem in die vordere Wand ein kleines Loch gebohrt ist. Ersetzt man die Rückwand durch einen durchscheinenden Schirm, so sind auf ihm alle Gegenstände vor der Lochkamera, die Licht aussenden, zu erkennen. Diesen Kasten nennt man auch Camera obscura, was soviel heißt wie dunkler Raum.

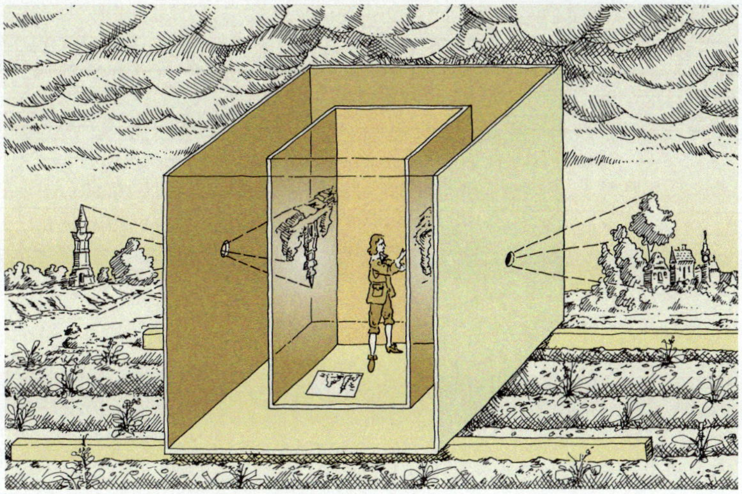

B1 Historische Darstellung der Camera obscura

Material: Zwei ineinander passende Pappröhren (je etwa 30 cm lang), dünne Pappe, Transparentpapier, Schere und Kleber (→ **B2**).

Bauanleitung: Schneide aus der Pappe eine runde Scheibe aus (der Durchmesser sollte größer sein als der Durchmesser der Pappröhren). Bohre mit einem dünnen Nagel in die Mitte dieser Scheibe ein Loch mit einem Durchmesser von 1 bis 2 mm (→ **B3**). Klebe die Scheibe auf ein Ende der äußeren Röhre (→ **B4**). Klebe auf ein Ende der inneren Röhre das Transparentpapier (→ **B5**); es dient als Bildschirm. Stecke nun die beiden Röhren ineinander – fertig ist deine Lochkamera.

Versuche: Beschreibe zu jedem Versuch deine Beobachtungen. Deute diese dann, in dem du einen „je-desto-Satz" bildest. Zum Beispiel: „Je heller der Gegenstand, desto heller das Bild."

1 Betrachte die Umgebung durch die Lochkamera. Vergleiche die Gegenstände mit ihren Bildern.

2 Gehe mit der Lochkamera dicht an einen Gegenstand heran. Entferne dich dann von diesem und beobachte das Bild der Lochkamera.

3 Betrachte einen gut sichtbaren Gegenstand, zum Beispiel ein Fenster des Klassenraums. Ziehe die innere Papprõhre langsam heraus. Begründe auch deine Beobachtungen.

4 Beobachte wieder einen Gegenstand und verändere deinen Abstand dazu und die innere Papprõhre nicht. Vergrößere nun das Loch der Pappscheibe ein wenig und beobachte wieder. Mache das Loch danach noch ein wenig größer.

5 Verändere die Lochkamera so, dass die vordere Pappscheibe zwei, drei oder vier kleine Löcher hat. Beobachte jeweils den gleichen Gegenstand.

B2 Material

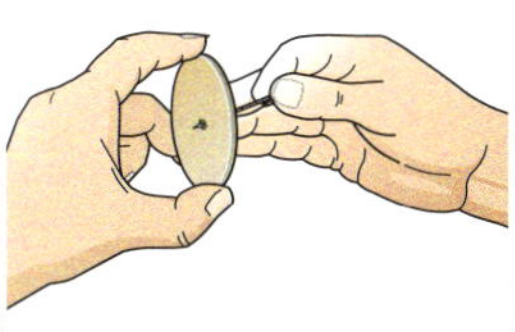

B3 Durchstechen der Pappscheibe

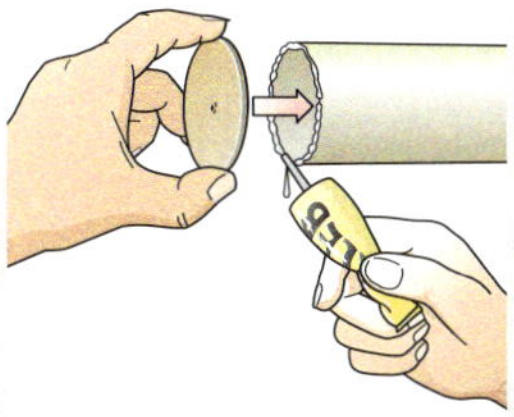

B4 Aufkleben der Pappscheibe …

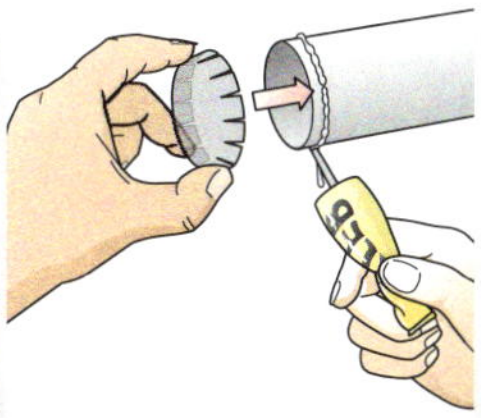

B5 … und des Schirms

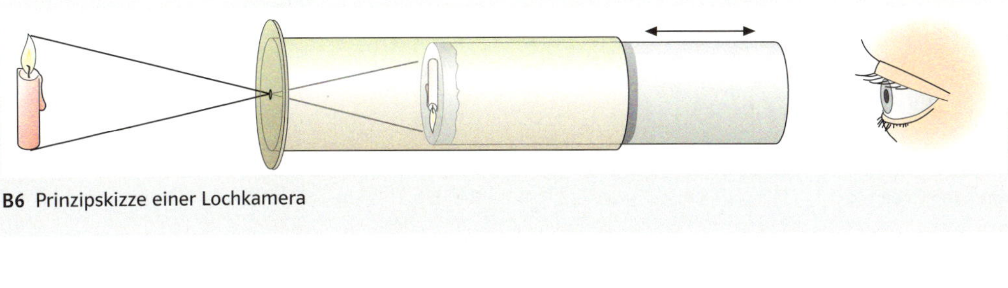

B6 Prinzipskizze einer Lochkamera

Optische Linsen

V1 Untersuche die Form verschiedener Linsen und beschreibe sie. Finde Gemeinsamkeiten und Unterschiede.

V2 Erzeuge mit einer Optikleuchte schmale, möglichst parallele Lichtbündel. Lass sie zunächst auf eine Sammellinse und danach auf eine Zerstreuungslinse fallen (→ **B1**). Beschreibe deine Beobachtungen und begründe die Namen der Linsen.

V3 Miss den Abstand des Brennpunktes von der Linsenmitte für unterschiedliche Sammellinsen.

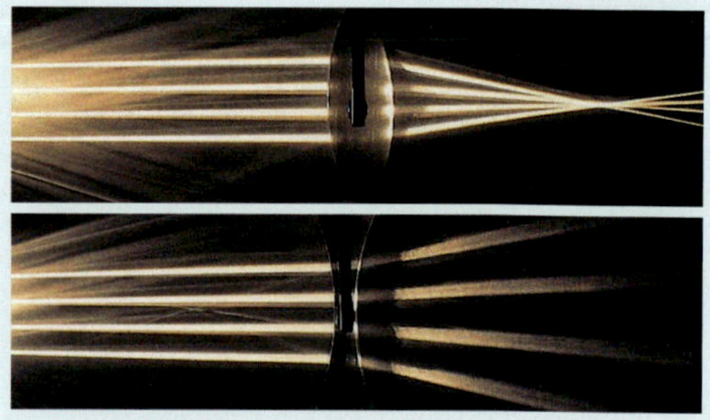

B1

Es ergibt sich je nach Dicke der Linse eine unterschiedliche Lage des Brennpunktes.

B2

Linsen sammeln das Licht Mit einer Lupe als Brennglas lässt sich im Sommer ohne Streichholz oder Feuerzeug etwas entzünden (→ **B2**). Die Lupe sammelt das Sonnenlicht in einem Punkt, dem **Brennpunkt *F***. Der Abstand des Brennpunktes von der Linse wird **Brennweite *f*** genannt.

Durchsichtige Glas- oder Kunststoffkörper, die wie eine Lupe geformt sind, nennt man Sammellinsen, weil ihre Form derjenigen des Linsengemüses ähnelt: sie sind in der Mitte dicker als am Rand. Es gibt unterschiedlich geformte Sammellinsen (→ **B3a**).

● **Sammellinsen bündeln das Licht. Sie sind in der Mitte dicker als am Rand.**

Wir beobachten, dass Sammellinsen unterschiedlicher Dicke das Licht weit entfernter Gegenstände in verschiedenem Abstand von der Linse sammeln. Sie besitzen eine verschiedene Brennweite *f*.

● **Die Brennweite *f* einer Sammellinse ist umso kleiner, je dicker die Linse ist.**

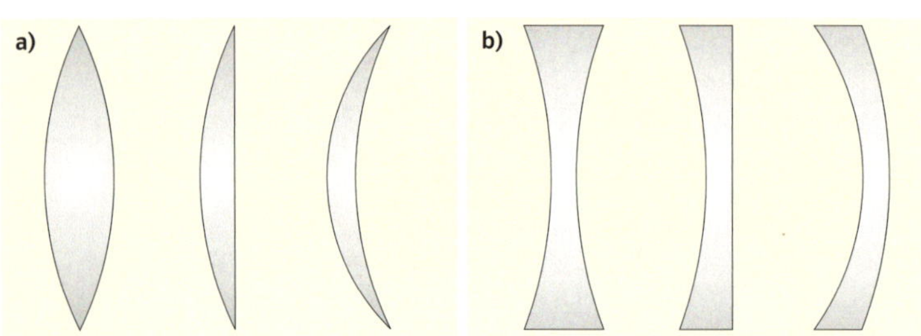

B3 Sammellinsen (a) und Zerstreuungslinsen (b)

Linsen zerstreuen das Licht Es gibt auch Linsen, die in der Mitte dünner sind als am Rand. Die Funktion einer solchen Linse lässt sich erkennen, wenn sie in Richtung der Sonne gehalten wird und ein Blatt Papier auf der anderen Seite als Schirm dient. Das Licht der Sonne läuft hinter der Linse auseinander. Deshalb heißen sie Zerstreuungslinsen (→ **B3b**).

● **Zerstreuungslinsen weiten das Licht auf. Sie sind in der Mitte dünner als am Rand.**

Lichtbrechung bei Linsen Wenn Licht von einem Medium in ein anders übergeht, wird es gebrochen. Das Licht wird also beim Eintritt in eine Linse gebrochen und beim Austritt aus der Linse erneut. In Zeichnungen wird der Einfachheit halber oft nur eine einzige Brechung an der Linsenmitte gezeichnet (→ **B4**).

A1 Begründe, weshalb jede Sammellinse zwei Brennpunkte besitzt.

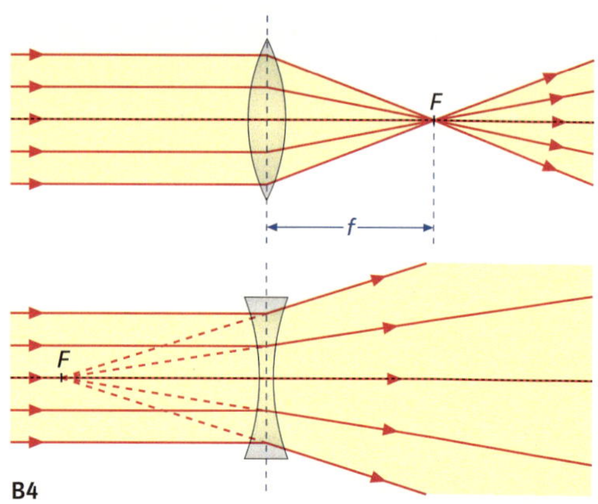

B4

Linsen machen Bilder

B1

V1 Eine Kerze steht vor einem Schirm. Es ist kein Bild auf dem Schirm zu erkennen. Wird nun zwischen Kerze und Schirm ein kugelförmiges, mit Wasser gefülltes Glasgefäß gestellt, so erscheint auf dem Schirm das Bild der Kerze (→ **B2**). Es steht auf dem Kopf. Wenn das Gefäß nur halb voll ist, kann man ein weniger helles Bild erkennen.

V2 Stelle dich dicht vor eine weiße Wand und bilde mit einer Sammellinse einen großen, hellen Gegenstand, z. B. das Fenster des Klassenraums, auf dieser ab (→ **B1**). Verändere den Abstand zwischen Linse und Wand und beobachte genau.
Nur in einem bestimmten Abstand der Linse zur Wand ist das Bild scharf.

B2 Je mehr Wasser im Gefäß ist, desto besser sieht man ein Bild der Kerze.

Sammellinsen erzeugen Bilder Im Mittelalter beobachtete man, dass ein kugelförmiges, mit Wasser gefülltes Glasgefäß ein Bild von entfernten Gegenständen erzeugen kann. Damit war die Sammellinse entdeckt. Abbildung **B4** zeigt, wie die heute verwendete Linsenform entstanden ist: die Kappen der Kugel werden zusammengefügt, der Rest der Kugel fehlt.

Wird eine Sammellinse in einem bestimmten Abstand zum Schirm gehalten, so erzeugt sie ein scharfes Bild auf diesem. Das Bild hat die gleiche Farbe wie das Original, steht jedoch auf dem Kopf und ist seitenverkehrt.

● **Mit einer Sammellinse lassen sich Bilder erzeugen, die seitenverkehrt sind und auf dem Kopf stehen.**

Die Linse hat dabei die Funktion das Licht von vielen winzigen Lichtflecken der Lichtquelle auf dem Schirm zu ordnen (→ **B3**).
Im Gegensatz zur Lochblende ist das Bild einer Sammellinse gleichzeitig scharf und sehr hell. Wird die Linse teilweise abgedeckt, so wird das Bild etwas dunkler.

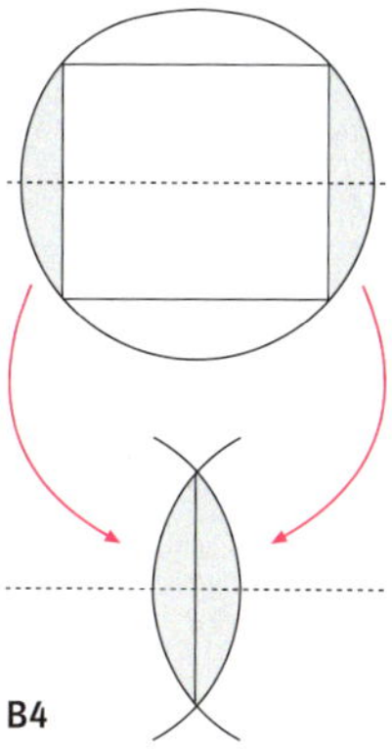

B4

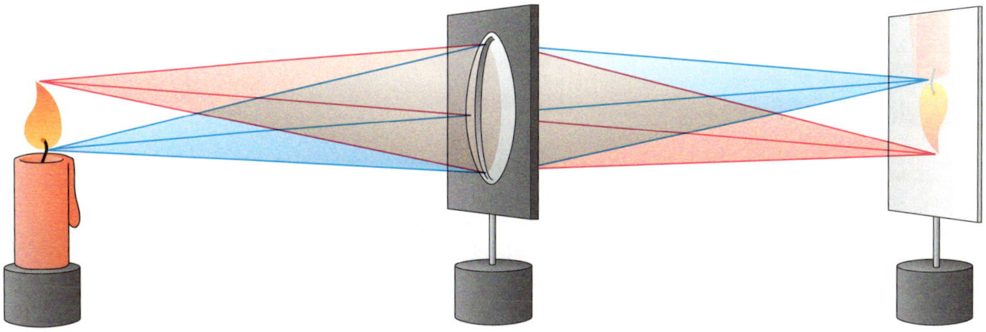

B3

Exkurs Erzeugung scharfer Bilder mit Sammellinsen

Mit dem in Abbildung **B1** gezeigten Versuchsaufbau lässt sich herausfinden, in welchem Abstand Lichtquelle, Linse und Schirm zueinander stehen müssen, damit das Bild scharf ist.

B1 Versuch mit einer Linse

Zur Beschreibung der Abstände werden zwei neue Begriffe eingeführt: der Abstand von der Linse zum Schirm heißt **Bildweite *b***, der Abstand vom Gegenstand zur Linse heißt **Gegenstandsweite *g***.

Die Kerze soll aus einer sehr großen Gegenstandsweite immer näher zur Linse geschoben werden. Dabei wird jeweils die Bildweite so verändert, dass ein scharfes Bild auf dem Schirm entsteht.

Zunächst kann festgestellt werden, dass dies für jede Gegenstandsweite höchstens bei einer einzigen Bildweite gelingt.

● **Um ein scharfes Bild zu erhalten, muss zu jeder Gegenstandsweite eine ganz bestimmte Bildweite eingestellt werden.**

Bei sehr großer Gegenstandsweite verändert sich die Schärfe des Bildes allerdings kaum, wenn eine etwas zu große oder zu kleine Bildweite eingestellt wird.

Weiterhin steht das scharfe Bild in allen Fällen auf dem Kopf und es wird größer, wenn die Gegenstandsweite kleiner wird (→ **B2**). Ist die Gegenstandsweite sehr klein, gibt es gar kein scharfes Bild.

● **Das Bild ist umso größer, je kleiner die Gegenstandsweite ist. Für sehr kleine Gegenstandsweiten ist kein Bild sichtbar.**

Bei genauer Untersuchung lassen sich drei Fälle unterscheiden:

1 Die Gegenstandsweite g ist größer als die doppelte Brennweite f: das Bild ist **kleiner** als das Original.
2 Die Gegenstandsweite g liegt zwischen der einfachen und doppelten Brennweite f: das Bild ist **größer** als das Original.
3 Die Gegenstandsweite g ist kleiner als die Brennweite f: es entsteht **kein Bild** auf dem Schirm.

Lupenfunktion der Sammellinse Bei der Benutzung einer Lupe wird die Sammellinse sehr dicht an den Gegenstand gehalten, den man beobachten möchte. Es ist also die Gegenstandsweite g kleiner als die Brennweite f. Wir hatten gesehen, dass nun kein scharfes Bild auf dem Schirm entsteht. Mit dem Auge ist aber auch in diesem Fall ein Bild zu erkennen. Es ist vergrößert und richtig herum. Man nennt dieses Bild virtuell, weil es nicht mit dem Schirm aufgefangen werden kann.

● **Wird eine Sammellinse als Lupe verwendet ($g < f$), so entsteht ein virtuelles Bild, das aufrecht und vergrößert ist.**

A1 Vergleiche die Eigenschaften von Blende und Linse. Nenne Gemeinsamkeiten und Unterschiede und mache in allen Fällen Aussagen über das entstehende Bild.

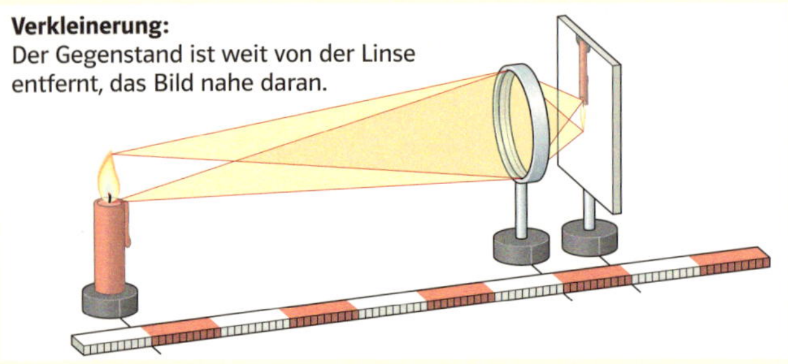

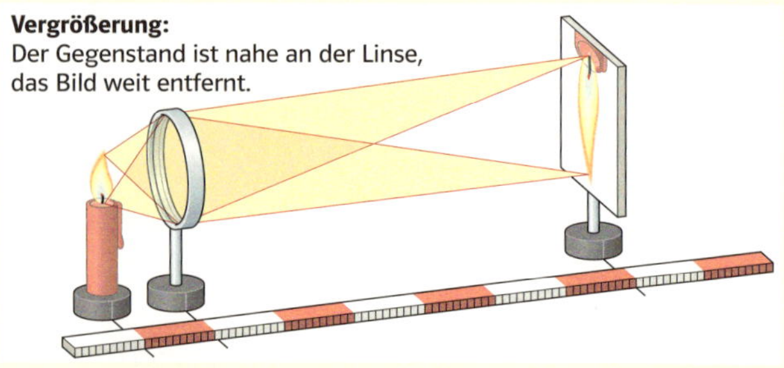

B2

Lernstationen:
In nebenstehenden Lernstationen wird die Funktionsweise des Auges und des Fotoapparates in Modellexperimenten untersucht.

Station I

Linse mit fester Brennweite

Geräte: Lichtquelle (z. B. Kerze), Blende, Linsenhalter, Linse (f = 10 cm), Schirm, Maßstab

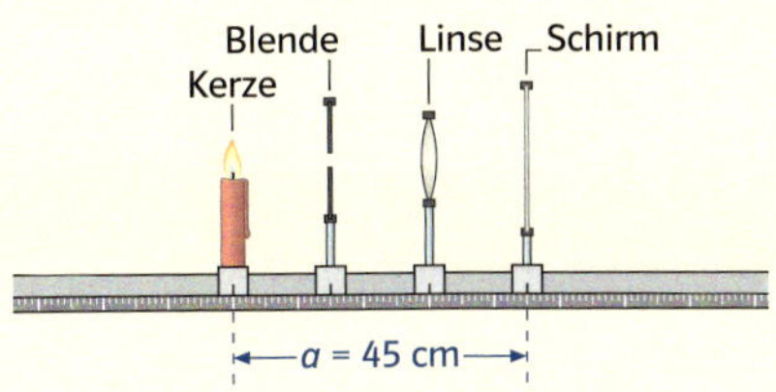

1 Baue den Versuch wie im Bild mit dem Abstand Kerze-Schirm a = 45 cm auf.
2 Verschiebe die Linse so, dass ein scharfes Bild entsteht.
3 Wiederhole den Versuch mit a = 72 cm. Notiere deine Beobachtungen.

Station II

Entfernter Gegenstand

Geräte: Lichtquelle (z. B. Kerze), Blende, Linsenhalter, verschiedene Linsen (f = 5 cm, 10 cm, 15 cm, 20 cm, 50 cm), Schirm, Maßstab

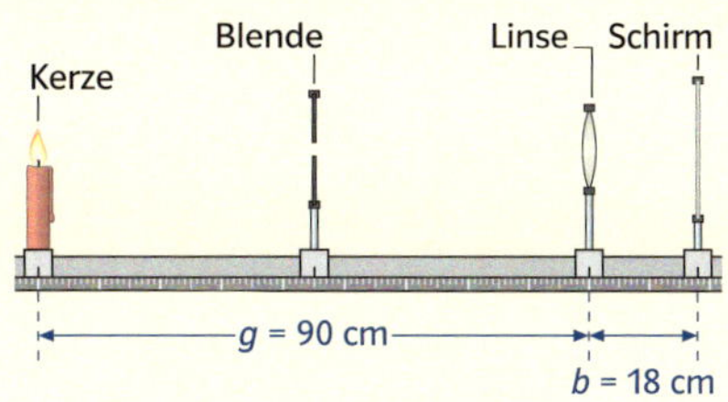

1 Baue den Versuch wie im Bild mit den Abständen b = 18 cm und g = 90 cm auf.
2 Der Linsenhalter bleibt in seiner Position. Setze nacheinander verschiedene Linsen ein.
3 Notiere deine Beobachtungen.

Station III

Naher Gegenstand

Geräte: Lichtquelle (z. B. Kerze), Blende, Linsenhalter, verschiedene Linsen (f = 5 cm, 10 cm, 15 cm, 20 cm, 50 cm), Schirm, Maßstab

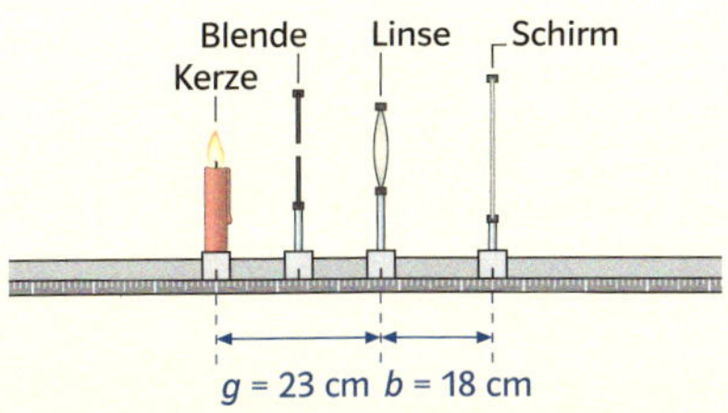

1 Baue den Versuch wie im Bild mit den Abständen b = 18 cm und g = 23 cm auf.
2 Der Linsenhalter bleibt in seiner Position. Setze nacheinander verschiedene Linsen ein.
3 Notiere deine Beobachtungen.

Station IV

Unterschiedlicher Blendendurchmesser

Geräte: Lichtquelle (z. B. Kerze), Blende mit veränderbarer Öffnung, Linsenhalter, Linse (f = 10 cm), Schirm, Maßstab

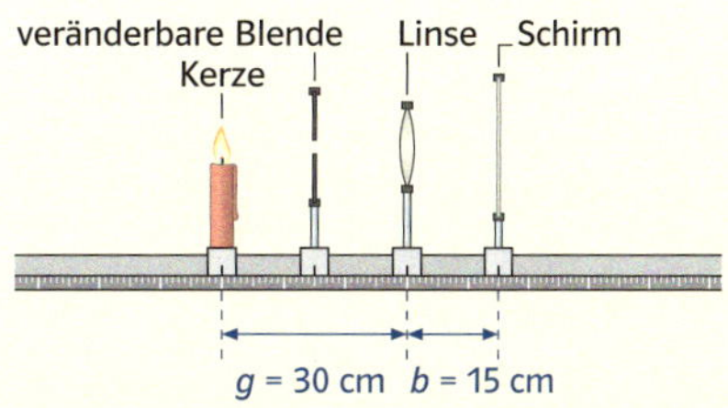

1 Baue den Versuch wie im Bild mit den Abständen b = 15 cm und g = 30 cm auf.
2 Verändere den Blendendurchmesser von groß nach klein und beobachte das Bild.
3 Notiere deine Beobachtungen.

Exkurs

Das Auge

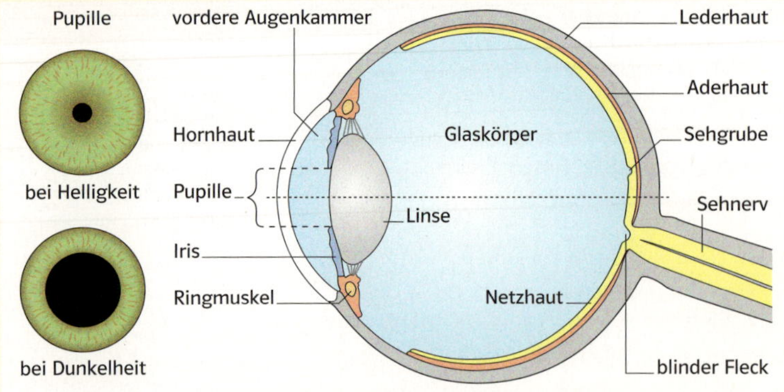

B1 Schnitt durch das rechte Auge (von oben gesehen)

Erzeugung des Bildes

Die Augenlinse erzeugt auf der Rückwand des Augapfels, der Netzhaut, ein Bild des Gegenstandes. Die Netzhaut enthält eine große Anzahl lichtempfindlicher Sehzellen (→ **B2**). In ihnen entstehen elektrische Signale, die über den Sehnerv zum Gehirn geleitet werden. So kann das Bild wahrgenommen werden.

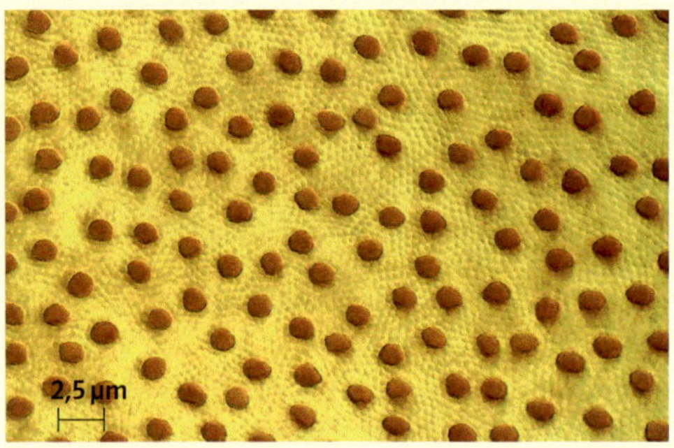

B2 Sehzellen auf der Netzhaut

Einstellung der Schärfe

Die Augenlinse ist weich und kann mit Hilfe des Ringmuskels verformt werden. Dadurch verändert sich ihre Brennweite. So kann bei verschiedenen Gegenstandsweiten und immer gleicher Bildweite (Länge des Augapfels) ein scharfes Bild entstehen.

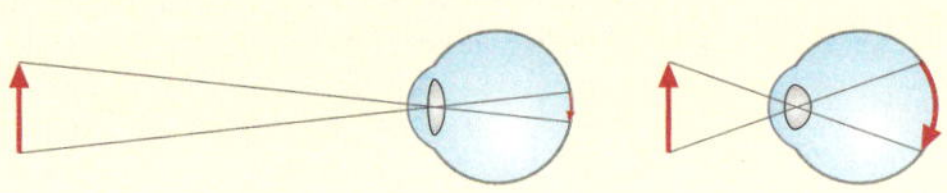

B3 Die Brennweite der Augenlinse ändert sich.

Regulierung der Helligkeit

Die Pupille ist eine Blende. Bei großer Pupillenöffnung gelangt viel Licht ins Auge, bei kleiner Pupille wenig (→ **B1**).

A1 Stelle in einer Tabelle zusammen, welche wesentlichen Bauteile von Fotoapparat und Auge sich entsprechen.

Der Fotoapparat

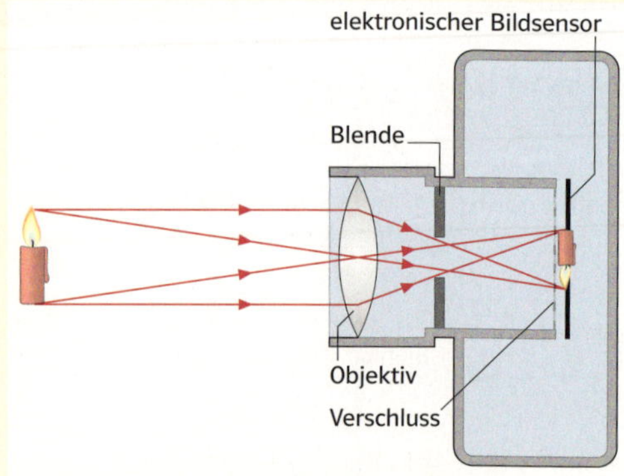

B4 Lichtwege beim Fotoapparat (Aufsicht)

Im Fotoapparat erzeugt eine Linse, das Objektiv, auf dem Bildsensor an der Rückwand der Kamera ein Bild des Gegenstandes. Der Bildsensor enthält viele kleine lichtempfindliche Zellen (→ **B5**). In ihnen entstehen elektrische Signale. Diese werden zum Display und Speicher der Kamera geleitet.

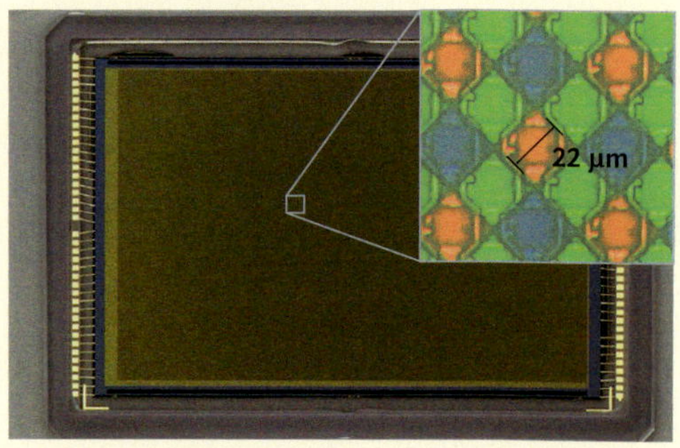

B5 Vergrößerung eines elektronischen Bildsensors

Das Objektiv kann verschoben werden, das heißt die Bild- und Gegenstandsweite werden verändert. Dadurch kann bei verschiedenen Gegenstandsweiten und immer gleicher Brennweite (des Objektivs) ein scharfes Bild entstehen.

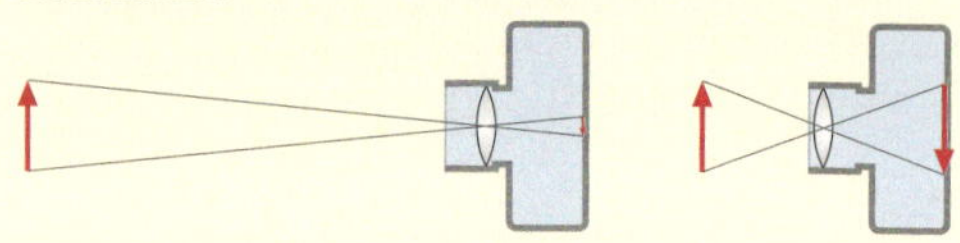

B6 Die Linse wird zum Scharfstellen verschoben.

Durch die Blende fällt das Licht in den Fotoapparat. Bei großer Blendenöffnung gelangt viel Licht hinein, bei kleiner Blende wenig. Nur solange der Verschluss geöffnet ist, erreicht das Licht den Bildsensor. So reguliert der Verschluss mit der Blende zusammen die Lichtmenge.

Versuche rund ums Auge

Blinder Fleck Halte das linke Auge zu und betrachte mit dem rechten Auge die Katze (→ **B1**). Du wirst dabei nicht nur die Katze, sondern auch die Maus rechts davon gleichzeitig sehen. Führe nun das Buch langsam an das Auge heran und wieder weg, blicke dabei aber weiter fest auf die Katze.

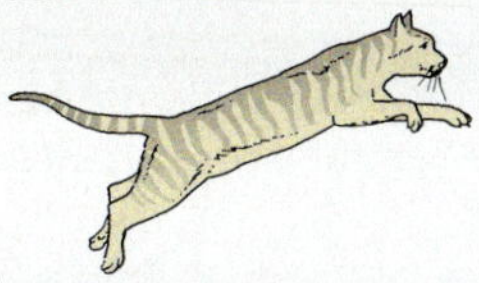

In einem ganz bestimmten Abstand ist die Maus nicht mehr zu sehen! Wiederhole den Versuch mit dem linken Auge!
Erklärung: Dort wo der Sehnerv das Auge verlässt, sind auf der Netzhaut keine Sehzellen. Wenn ein Gegenstand genau an dieser Stelle abgebildet wird, können wir ihn also nicht erkennen.

Netzhaut und Pupille Steche in ein schwarzes Stück Karton ein kleines Loch und halte es möglichst dicht vor ein Auge. Schaue nur mit diesem Auge durch das Loch auf ein helles weißes Blatt und bewege den Karton ein klein wenig im Kreis. Nach einiger Zeit kannst du deine eigenen Netzhautadern erkennen.

Beobachte nun mit einem Partner zusammen die Pupillen, wenn ein Auge plötzlich beleuchtet wird oder ihr eine knifflige Mathematikaufgabe löst.
Ihr könnt erkennen, wie die Pupille als Blende arbeitet und dass sie sich auch bei Aufregung weitet.

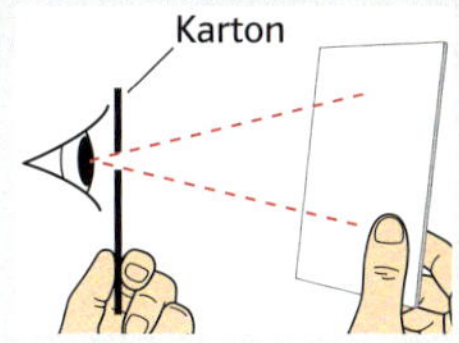

B1

Trägheit des Auges Du benötigst ein Stück hellen Karton und einen Faden. Schneide aus dem Karton eine Scheibe mit ca. 8 cm Durchmesser aus und befestige auf jeder Seite einen Faden, so dass die Scheibe mit zwei Händen gedreht werden kann (→ **B2**). Zeichne nun auf jede Seite der Scheibe eine Hälfte eines Bildes, z. B. auf eine Seite ein Pferd und auf die andere den Reiter. Wenn man die Fäden nun verdrillt und dann an beiden Seiten zieht, dreht sich die Scheibe schnell und es sieht so aus, als wäre auf beiden Seiten ein vollständiges Bild.

Erklärung: Die Sehzellen können nicht schnell genug reagieren und registrieren beide Bilder gleichzeitig.

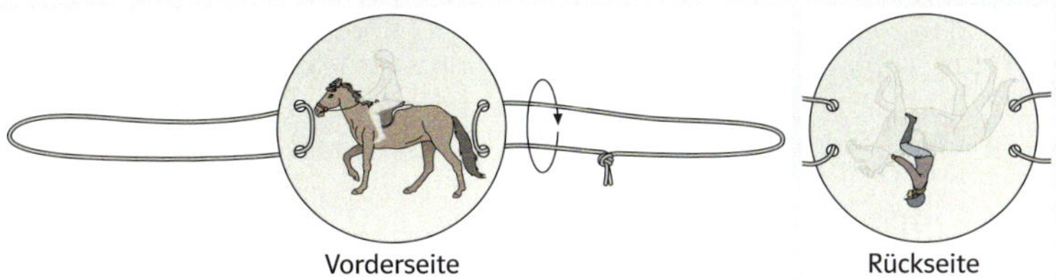

B2

Deutliche Sehweite Nimm ein Blatt Papier mit einem geraden Strich, einen Bleistift und ein Lineal. Betrachte den Strich wie in **B3** gezeigt mit einem Auge. Bewege nun, unmittelbar vor dem Auge beginnend, den Bleistift langsam vom Auge weg. Miss die Entfernung des Punktes, bei dem du die Bleistiftspitze ohne Anstrengung deutlich siehst! Bestimme diesen Punkt auch für das andere Auge! Wiederhole den Versuch zu verschiedenen Tageszeiten! Lass auch Eltern und Großeltern den Versuch durchführen!

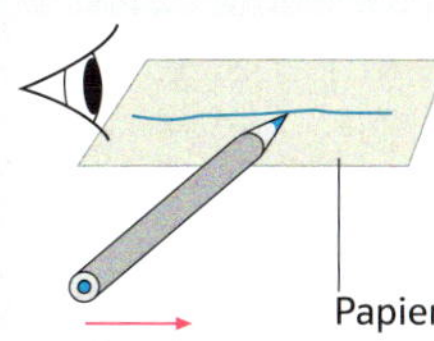

B3

Abstand der Sehzellen Zeichne eine Reihe von parallelen schwarzen Linien, die jeweils 1 mm dick sind und jeweils 1 mm Abstand voneinander haben, auf weißes Papier (→ **B4**). Nimm den Papierbogen mit den Linien und befestige ihn in Augenhöhe an einer Wand.
Bestimme die Entfernung von der Wand, aus der du gerade eben noch die einzelnen parallelen Linien unterscheiden kannst.
Auswertung: Die Sehzellen können zwei Linien gerade noch unterscheiden, wenn dazwischen mindestens eine Sehzelle passt. Deswegen kann man so den ungefähren Abstand der Sehzellen berechnen. Bei einer Entfernung g in Millimetern von der Wand (Gegenstandsweite), einem Linienabstand von 1 mm und einer Länge des Augapfels (Bildweite) von 23 mm lautet die Formel:
Abstand der Sehzellen = $1\,\text{mm} \cdot 23\,\text{mm}/g$.
Das Ergebnis sollte ungefähr 2,5 Mikrometer (millionstel Meter) betragen.

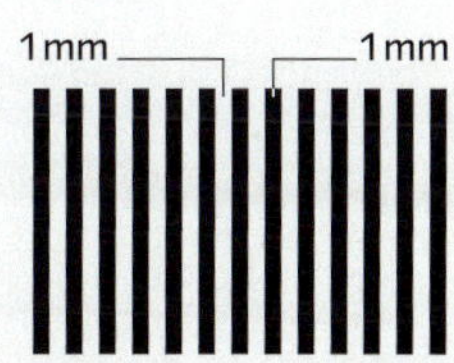

B4

Exkurs Korrektur von Fehlsichtigkeit

Viele Menschen tragen Brillen oder Kontaktlinsen, um ihre Sehfähigkeit zu verbessern. Zu der Augenlinse kommt somit eine zweite Linse hinzu. Welche Auswirkungen dieses hat, kann mit einem Modellexperiment untersucht werden (→ **B1**).

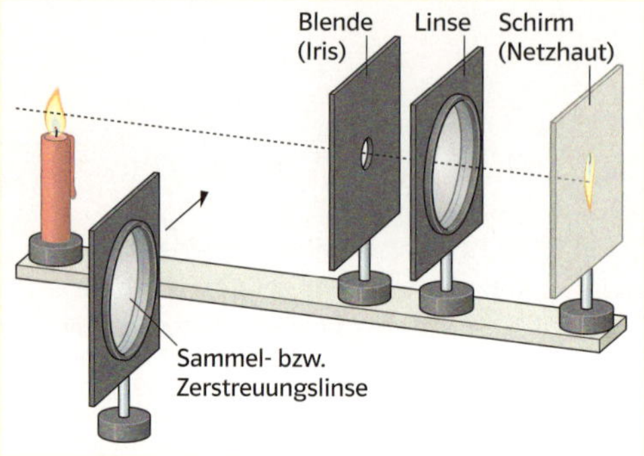

B1

Bei Brillengläsern gibt man meist nicht die Brennweite *f*, sondern deren Kehrwert *D* an. *D* wird in Dioptrien gemessen.
Es ist 1 dpt = 1/m.

Für die Augenlinse wird eine Sammellinse verwendet. Die Bildweite wird so eingestellt, dass ein scharfes Bild auf dem Schirm entsteht. Nun wird direkt vor der Sammellinse eine zweite Linse platziert, entweder eine weitere Sammellinse oder eine Zerstreuungslinse. Die Bildweite wird so verändert, dass das Bild auch jetzt scharf ist.
Ein Vergleich der Bildweiten zeigt, dass bei der Verwendung von zwei Sammellinsen das Bild dichter hinter der Linse scharf abgebildet wird. Werden eine Sammellinse und eine Zerstreuungslinse kombiniert, so wird das Bild weiter entfernt von der Linse abgebildet.
Bei sehr starker Krümmung der Zerstreuungslinse kann es auch vorkommen, dass gar kein scharfes Bild mehr entsteht.

- **Zwei Sammellinsen wirken zusammen wie eine einzelne Sammellinse mit kleinerer Brennweite.**

- **Eine Sammellinse und eine Zerstreuungslinse wirken zusammen wie eine einzelne Sammellinse mit größerer Brennweite oder wie eine Zerstreuungslinse.**

Die Erkenntnisse über die Kombination von Linsen werden angewendet, um unterschiedliche Arten von Fehlsichtigkeit zu korrigieren.

Wer braucht eine Brille? Ältere Menschen können ohne Lesebrille oft nur mit ausgestreckten Armen lesen. Die Augenlinsen sind nicht mehr elastisch genug, um sich so stark zu krümmen, dass auch bei kurzen Entfernungen ein deutliche Bild auf der Netzhaut entsteht. Man spricht von **Altersweitsichtigkeit**. Eine Lesebrille mit Sammellinsen bündelt das Licht zusätzlich und verkürzt die Brennweite.

Bei manchen Menschen ist der Augapfel zu kurz oder die Lichtstrahlen werden zu wenig gebrochen. Auf der Netzhaut entsteht ein unscharfes Bild, ein deutliches Bild wäre erst hinter der Nezthaut möglich (→ **B2**). Nur sehr weit entfernt liegende Gegenstände werden scharf abgebildet. Dieser Augenfehler heißt **Weitsichtigkeit**. Eine Brille mit Sammellinsen verkürzt die Brennweite, es entsteht ein scharfes Bild auf der Netzhaut.

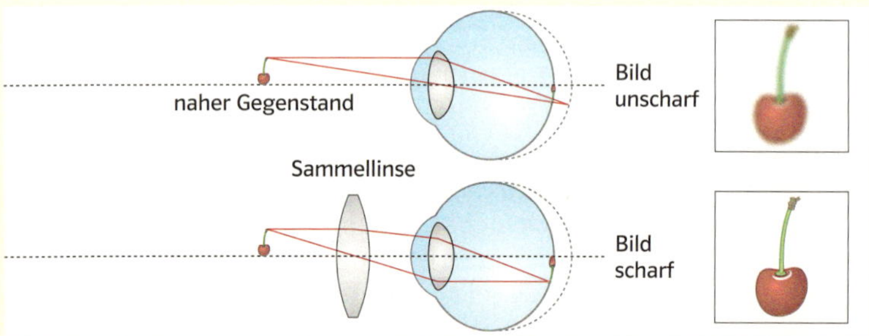

B2 Bei Weitsichtigkeit ist der Augapfel etwas zu kurz.

Es kommt auch vor, dass das Licht im Auge zu stark gebrochen wird oder dass der Augapfel zu lang ist (→ **B3**). Das deutliche Bild liegt dann vor der Netzhaut, auf der Netzhaut ist es wieder verschwommen. Nur nahe Gegenstände werden scharf abgebildet. Dieser Augenfehler heißt **Kurzsichtigkeit**. Eine Brille mit Zerstreuungslinsen vergrößert die Brennweite.

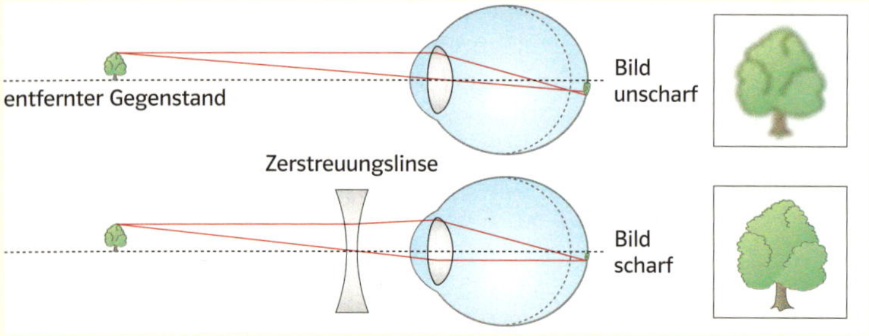

B3 Bei Kurzsichtigkeit ist der Augapfel zu lang.

A1 Wie kannst du nur mit Hilfe der Brille feststellen, ob sein Träger kurzsichtig oder weitsichtig ist? Entwirf ein Experiment, um diese Frage zu beantworten.

Ergebnisse präsentieren

1. Plakat

Auf dieser Seite wird an einem Beispiel erklärt, wie man anderen Informationen oder Ergebnisse sinnvoll vorstellen kann. Die große Abbildung zeigt ein Plakat zum Thema „Tageslichtprojektor". Es richtet sich an Schüler, die bereits vieles aus der Optik gelernt haben. Unten werden zwei weitere Präsentationsmethoden vorgestellt.

Der Tageslichtprojektor

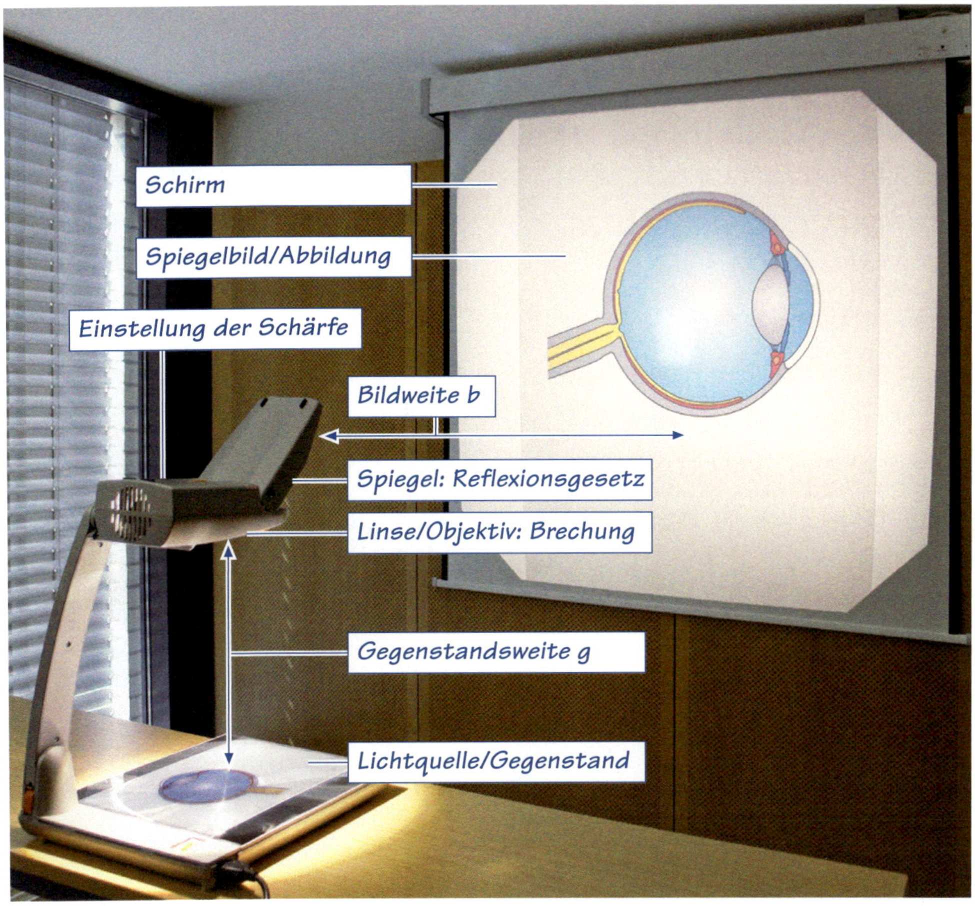

2. Vortrag

In einem Vortrag erklärt ihr alle Dinge, die auf dem Plakat zu sehen sind, mit Worten und Bildern vor der Klasse. Dabei solltet ihr:

- Anhand von Stichworten (z. B. auf Karteikarten) frei vortragen, deutlich sprechen und das Publikum ansehen.
- Bekanntes nur kurz erwähnen, Unbekanntes genau erläutern.
- Interesse wecken durch zahlreiche Bilder oder Vorführobjekte.
- Eine Zusammenfassung an die Tafel schreiben oder auf Zetteln austeilen.

3. Wandzeitung

Auf einer Wäscheleine oder am Pinboard kann eine Wandzeitung in der Klasse ausgestellt werden. Das Plakat über den Tageslichtprojektor könnt ihr zum Beispiel zu einer Wandzeitung zur Wiederholung der gesamten Optik erweitern. Dazu wird jeder Fachbegriff der Optik auf einer separaten Seite mit Beispielen und wichtigen Experimenten erklärt. Zu zweit sucht ihr auch die noch fehlenden Begriffe heraus und gestaltet eine Seite mit Text und Bildern.

Rückblick

Auf den vorhergehenden Seiten hast du einige Versuche, neue Begriffe und Erklärungen kennengelernt. Wenn du die folgenden Aufgaben bearbeitest, erstellst du dir selbst eine Zusammenfassung des Kapitels und kannst überprüfen, ob du das Wichtigste verstanden hast. Bist du an einer Stelle unsicher, dann schlag noch einmal nach.

1 Gegenstände und Begriffe

Beschreibe den Aufbau
- der Lochkamera
- des Fotoapparates
- des Auges

Was versteht man unter
- einem Spiegelbild?
- einem optischen Bild?
- einer Sammellinse/Zerstreuungslinse?
- Gegenstandsweite, Bildweite und Brennweite?

2 Beobachtungen

Was beobachtet man, wenn
- ein Gegenstand vor einem Spiegel steht?
- Licht auf eine Sammellinse/Zerstreuungslinse trifft?
- eine Blende immer mehr verkleinert wird?

3 Erklärungen

Wie lässt sich erklären, dass
- eine Blende auf einem Schirm ein deutliches Bild erzeugt?
- die mit einem Objektiv erzeugten Bilder nicht immer scharf sind?
- das Betrachten sehr naher Gegenstände anstrengend ist?

4 Gesetzmäßigkeiten

Beschreibe mit eigenen Worten,
- die Eigenschaften des Spiegelbildes.
- wovon die Brennweite einer Linse abhängt.
- wann eine Linse als Lupe wirkt.
- wie bei einer Sammellinse die Bildgröße von der Gegenstandsweite abhängt.
- wie man Kurz- und Weitsichtigkeit beheben kann.

Erläutere die Erscheinungen in den folgenden Bildern und bearbeite die Aufgaben!

B1 Weshalb sieht der Greifvogel schärfer als wir?

B2 Wurde der Rettungswagen falsch beschriftet?

B3 Weshalb sind die Pupillen der Katze verschieden?

B4 Ist die Doppelung der Bäume eine Fälschung?

B5 Welcher Augenfehler wird mit dieser Brille behoben?

Beispiele

Die kaputte Linse Jemand experimentiert mit einer Sammellinse. Der erste Versuch liefert Bild **B1**. Dann fällt ihm die Linse herunter und bricht genau in der Mitte durch. Er experimentiert mit der halben Linse weiter und erhält Bild **B2** und **B3**. Finde eine Erklärung für die Ergebnisse.

Lösung Bild B1: Wir wissen, dass eine Sammellinse alles Licht, das durch sie hindurch trifft in einem Punkt sammeln kann. Das führt zu Bild **B1**. Die Fassung der Linse ist undurchsichtig. Deswegen sieht man ein Schattenbild.
Bild B2: Jetzt wird nur noch das Licht, das durch die untere Hälfte trifft, in dem Punkt aus dem ersten Teil gesammelt. Im oberen Teil ist nur das Loch und das Licht kann hindurch. Wo dieses Licht auf den Schirm trifft, ist kein Schatten mehr.

Bild B3: Die untere Hälfte der Linse ist wirksam wie in Bild **B2**, das Loch wird aber jetzt mit der undurchsichtigen Pappe verdeckt. Das Licht durch die Öffnung oberhalb der Linsenhälfte erreicht den Schirm nicht.

B1

B2

B3

Heimversuche

1 Mehrere Spiegelbilder Halte zwei Taschenspiegel so zusammen, dass sie einen Winkel von 90° bilden (→ **B6**). Stelle einen kleinen Gegenstand zwischen die Spiegel. Wie viele Spiegelbilder beobachtest du? Sind alle Spiegelbilder gleich? Wo befinden sie sich?

Verändere den Winkel zwischen den Spiegeln (45° und 60°). Wie viele Spiegelbilder siehst du nun?

2 Der Löffelspiegel Benutze Vorder- und Rückseite eines gut polierten Löffels als Spiegel (→ **B7**). Halte ein beschriftetes Stück Papier in verschiedenen Entfernungen davor. Sieh in den Spiegel und beschreibe die Bilder.

3 Wasserlupen Welche Brennweite hat ein Wassertropfen? Tauche ein Ende eines Strohhalms in Wasser, verschließe mit einem Finger das andere Ende und ziehe den Strohhalm vorsichtig aus dem Wasser. Am unteren Ende des Strohhalms hat sich ein Wassertropfen gebildet. Halte den Tropfen vor ein Stück Papier in das Licht einer Lampe. Verändere den Abstand des Wassertropfens zum Papier so lange, bis ein scharfes Bild des Glühfadens entsteht.

Wie weit ist der Brennpunkt vom Wassertropfen entfernt? Halte deine Beobachtungen in einem Protokoll fest! Bringe einen Wassertropfen in die Drahtschleife einer Büroklammer. Betrachte durch diese Wasserlinse einen gedruckten Text. Schätze die Vergrößerung und die Brennweite der Wasserlinse!

4 Die Zylinderlinse Stelle zwischen ein brennendes Teelicht und eine helle Wand ein gerades Glas (→ **B5**). Fülle das Glas mit Wasser. Verschiebe jetzt Teelicht und Glas solange, bis du auf der Wand einen hellen Streifen siehst. In seiner Umgebung ist es dunkel. Findest du eine Erklärung?

Verwende auch Gläser mit unterschiedlichem Durchmesser. Was stellst du fest? Vergleiche mit deinen Kenntnissen über Sammellinsen.

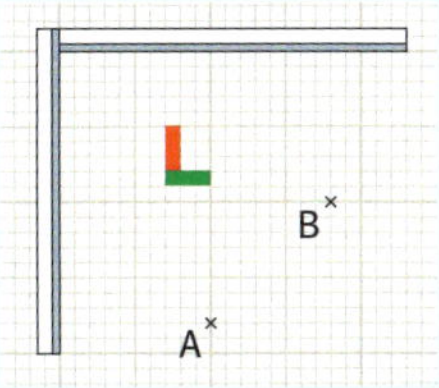

B6

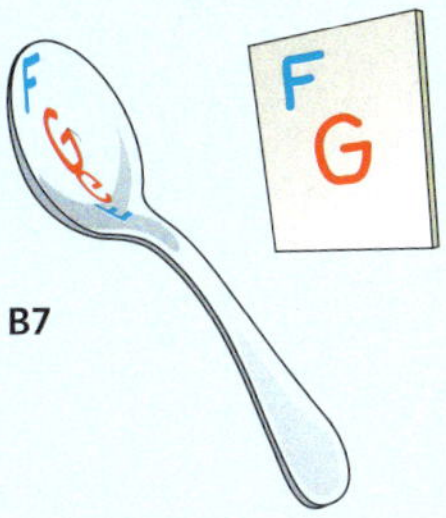

B7

B4

B5

Aufgaben

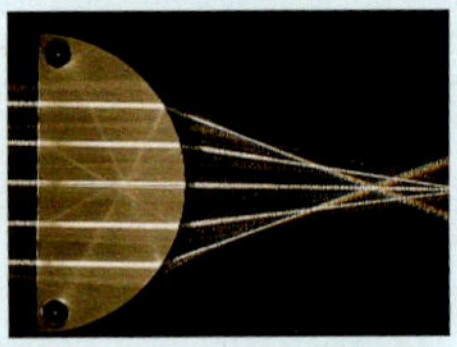

B1

Zum Spiegelbild und zur Blende

1 Zeichne die Großbuchstaben A, K, N und O in Druckschrift und ihre Spiegelbilder, wenn sie vor einem senkrecht stehenden Spiegel liegen und wenn sie davor stehen.

2 In Abbildung **B3** siehst du das Spiegelbild einer Tänzerin. Beschreibe, welche Dinge du über die Tänzerin in der Wirklichkeit (aus diesem Bild) entnehmen kannst. Wie bewegt sich die Tänzerin, wenn sich ihr Spiegelbild aus der Blickrichtung gesehen: a) nach links bewegt, b) nach hinten bewegt und c) im Kreis dreht.

B3 Tänzerin im Spiegel

3 Durch ein kleines Loch im Rollo fällt Licht ins Zimmer. Auf der weißen Wand ist ein umgekehrtes Bild der Straße zu sehen. Zieht man das Rollo hoch, so fällt noch mehr Licht ins Zimmer. Die Wand zeigt jetzt kein Bild mehr. Erkläre die Beobachtungen.

4 Bei der Lochkamera ist die innere Röhre beweglich. Beschreibe, wie sich das Bild ändert, wenn diese Röhre zur Blende hin oder von der Blende weg bewegt wird.

Zur Abbildung mit Linsen

5 Welche der im Schnitt gezeichneten Linsen sind Sammel-, welche Zerstreuungslinsen (→**B4**)?

B2

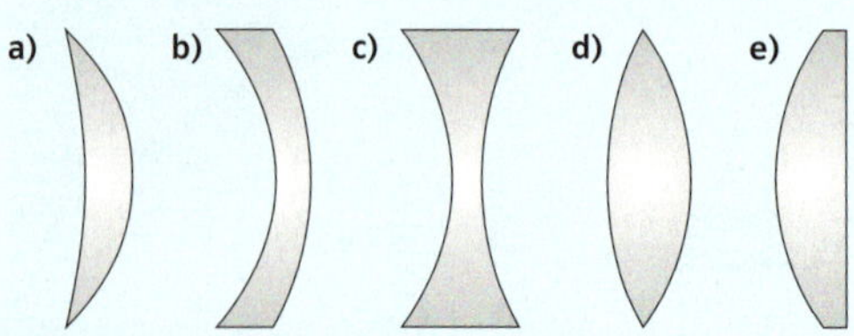

B4

6 Was ist der Brennpunkt einer Sammellinse und wie findet man ihn?

7 Das Foto **B1** zeigt einen Verlauf von Lichtbündeln durch eine – in der Dicke stark übertriebene – Sammellinse. Beschreibe, was dir auffällt.

8 Wie ändert sich das Bild einer Linse, wenn man sie in der Mitte verdeckt?

9 Begründe, weshalb eine Linse zwei Brennpunkte in gleichem Abstand haben muss! (Wende die Linse und denke an die Umkehrbarkeit des Lichtweges!)

10 Wie beeinflusst die Krümmung der Linsenoberfläche die Brennweite einer Sammellinse?

11 Worin unterscheidet sich das mit einer Lochkamera erzeugte Bild von dem Bild, das mit einer Linse entsteht?

12 Du möchtest zunächst ein weit entferntes Gebäude fotografieren und danach eine Blume aus der Nähe. Welche Einstellungen muss die Kamera vornehmen, damit das Bild in beiden Fällen scharf wird?

13 Wie gelingt es dem Auge, die Gegenstände aus unserer Umgebung trotz unterschiedlicher Gegenstandsweiten immer scharf auf der Netzhaut abzubilden?

14 Welchen Augenfehler hat man, wenn man nur Gegenstände in der Nähe gut erkennt?

15 Erkläre, wo im Auge eine „Blende" zu finden ist und welchen Zweck sie hat. Was würde sich ändern, wenn unser Auge nur die Linse besitzen würde und keine Blendenfunktion?

16 Was ist eine Lupe?

17 Beim „Tabuspiel" geht es darum Begriffe zu umschreiben und zu raten. Bestimmte Wörter dürfen nicht verwendet werden. Fertigt dafür Karten mit Begriffen aus der Optik an (→**B2**) und spielt in zwei Gruppen gegeneinander:

Ein Schüler der gegnerischen Gruppe umschreibt den Begriff (z. B. Brennpunkt) und seine Teamkollegen raten. Ist richtig geraten worden, geht es weiter zum nächsten Begriff. Die Gruppe, die in fünf Minuten die meisten Begriffe schafft, hat gewonnen.

Wichtige Größen und ihre Einheiten

Größe	Zeichen	Einheitenname	Zeichen	Festlegung
Länge	*s*, *l*	Meter	1 m	Lichtgeschwindigkeit c_0 mal Zeit
Fläche	*A*	Quadratmeter	1 m²	1 m² = 1 m · 1 m
Volumen	*V*	Kubikmeter	1 m³	1 m³ = 1 m · 1 m · 1 m
Masse	*m*	Kilogramm	1 kg	Grundeinheit, festgelegt durch ein Normal
Dichte	*ϱ*		1 kg/m³; 1 g/cm³	Masse durch Volumen
Stoffmenge	*n*	Mol	1 mol	Grundeinheit, festgelegt durch ein Normal
Zeit	*t*	Sekunde	1 s	Grundeinheit, festgelegt durch ein Normal
Geschwindigkeit	*v*		1 m/s; 1 km/h	Weglänge durch Zeitspanne
Frequenz	*f*	Hertz	1 Hz	1 Hz = 1 1/s; Anzahl Perioden durch Sekunde
Kraft	*F*	Newton	1 N	1 N = 1 kg m/s²; Masse mal Beschleunigung
Druck	*p*	Pascal	1 Pa	1 Pa = 1 N/m²; Kraft/Fläche
Arbeit	*W*	Joule, Wattsekunde	1 J, 1 Ws	Kraft mal Weg in Kraftrichtung
Energie	*E*	Joule, Wattsekunde	1 J, 1 Ws	1 J = 1 Ws = 1 N · 1 m
Leistung, Energiestromstärke	*P*	Watt	1 W	1 W = 1 J/s; Arbeit durch Zeit
Temperatur	*ϑ*	Grad Celsius	1 °C	festgelegte Skala – Temperaturunterschied:
	T	Kelvin	1 K	festgelegte Skala – 1 °C = 1 K
Ladung	*Q*	Coulomb	1 C	1 C = 1 A · 1 s; Stromstärke mal Zeit
Stromstärke	*I*	Ampere	1 A	Grundeinheit, festgelegt durch ein Normal
Spannung	*U*	Volt	1 V	1 V = 1 Ws/C; Arbeit durch Ladung
Widerstand	*R*	Ohm	1 Ω	1 Ω = 1 V/A; Spannung durch Stromstärke

Vorsilben für dezimale Vielfache und Teile von Einheiten

Vorsilbe	Exa (E)	Peta (P)	Tera (T)	Giga (G)	Mega (M)	Kilo (k)	Hekto (h)	Deka (da)
bedeutet	10^{18}	10^{15}	10^{12}	10^{9}	10^{6}	10^{3}	10^{2}	10^{1}
Vorsilbe	Dezi (d)	Zenti (c)	Milli (m)	Mikro (µ)	Nano (n)	Piko (p)	Femto (f)	Atto (a)
bedeutet	10^{-1}	10^{-2}	10^{-3}	10^{-6}	10^{-9}	10^{-12}	10^{-15}	10^{-18}

Spezielle Einheiten, ausländische Einheiten

1 geografische Meile	= 7420 m
1 Seemeile (sm)	= 1852 m
1 Knoten (kn) = 1 sm/h	= 0,5144 m/s
1 Faden	= 1,829 m
1 Registertonne	= 2,832 m³
1 internat. Karat	= 0,2051 g
1 Feinunze (troy ounce)	= 31,1035 g
1 inch (in, Zoll)	= 2,54 cm
1 foot (ft) = 12 in	= 30,48 cm
1 yard (yd) = 3 ft	= 91,44 cm
1 mile = 1760 yd	= 1609 m
1 acre	= 4047 m²

		englisch	amerik.
1 pint (liq. pt.)	=	0,5683 l	0,4732 l
1 quart = 2 pints	=	1,1365 l	0,9464 l
1 gallon = 4 quarts	=	4,5460 l	3,7854 l
1 petroleum barrel	=	159,11 l	158,99 l
1 °Fahrenheit (°F)	=	5/9 °C; (0 °C ≙ 32 °F)	
		x °C = (9/5 x + 32) °F	
1 ounce (oz)	=		28,35 g
1 pound (lb) = 16 oz	=		453,60 g
1 quarter (qu) = 28 lbs	=		12,70 kg
1 short ton = 2000 lbs	=		907,20 kg
1 long ton = 2240 lbs	=		1016,00 kg

Veraltete Einheiten

Druck	
1 at	= 98 066,5 Pa
1 atm	= 101 325 Pa
1 Torr	= 133 Pa

Energie	
1 kcal	= 4186,8 J
1 kpm	= 9,80665 J

Leistung	
1 PS	= 736 W
1 kcal/h	= 1,16 W
1 kpm/s	= 9,80665 W

Chronik der Physik und Technik

Wissenschaftler aus diesem Buch sowie Entdeckungen und Erfindungen der letzten vier Jahrhunderte

Aristoteles *384 v. Chr.*

Isaak Newton *1643 – 1727*

Johann Wolfgang v. Goethe *1749 – 1832*

Robert Hooke *1635 – 1703*

Hans Christian Oerste

Fernrohr *1608*

Anthony v. Leeuwenhoek *1632 – 1723*

Alessandro Volta *1745–1827*

1600 → 1650 → 1700 → 1750 → 1800

Rechenmaschine *1623*

Dampfautomobil *1678, China*

Dampfmaschinen *um 1700*

Heißluftballon (1783)

André Ampere *1775 – 18*

Galileo Galilei *1564 – 1642*

Henry Cavendish *1731 – 1810*

Radiergummi *1770*

Georg Simon Ohm *1789 – 1854*

Radioaktivität *1896*

Atombombe *1945*

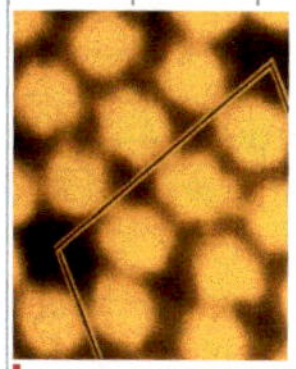
Rastertunnelmikroskop *1981*

Künstl. Atomkernspaltung *1938*

Erster Elektromotor *1834*

Ernest Rutherford *1871 – 1937*

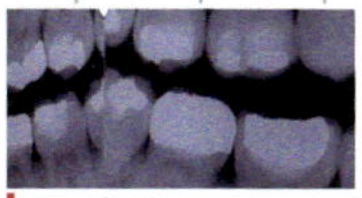
Entdeckung Röntgenstrahlen *1895*

Compact Disc *1979*

1777 – 1851

Erstes elektrisches Kraftwerk *1882*

Transistor *1948*

Erster Personal Computer *1980*

Kühlschrank *1876*

Carl Zeiss *1816 – 1888*

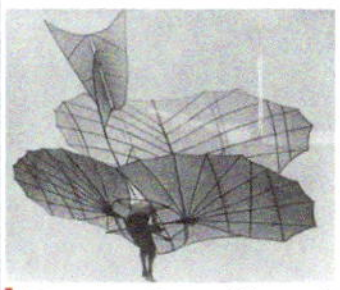
Erster Segelflug *1891*

Erster elektrischer Computer *1941*

Erster Apple-Computer *1977*

1810 → 1850 → 1900 → 1950 → 2000

Dampflokomotive *1804*

Glühlampe *um 1840*

Automobil mit Viertaktkolbenmotor *1876*

Fließbandmontage *1913*

Erster künstlicher Satellit *1957*

Nachweis eines „Schwarzen Loches“ *1996*

Bemannte Mondlandung *1969*

Telefon *1861*

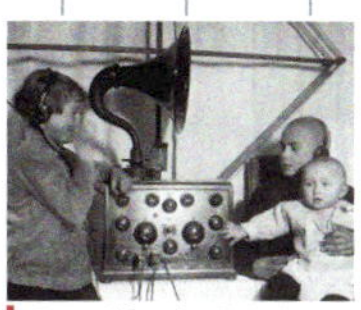
Rundfunk *1896*

Erster Astronaut umkreist die Erde *1961*

Phonograph *Edison, 1877*

Automatischer Webstuhl *1805*

Thomas A. Edison *1847 – 1931*

Stichwortverzeichnis

Bildquellenverzeichnis

U1.1 Corbis (Craig Tuttle), Düsseldorf; **U4.1** Tilmann Pfau; **U4.2** Avenue Images GmbH (M. Harvey), Hamburg;

4.1 Klett-Archiv (Dr. Michael Wagner); **4.2** Mauritius (Cupak), Mittenwald; **4.3** Mauritius (Stockphoto; **5.1** Das Fotoarchiv (Jochen Tack), Essen; **5.2** IFA-BILDERTEAM GmbH (Robert G. Everts), Ottobrunn; **7.1** Klett-Archiv (Dr. Michael Wagner); **8.4** Alamy Images RF, Abingdon, Oxon; **8.1a, b** Klett-Archiv (Harald Köhncke); **10.1**; **10.2** Klett-Archiv (Zuckerfabrik Digital); **10.3** Klett-Archiv (Dr. Klaus Hell); **10.5** Leybold Didactic GmbH, Hürth; **12.1** Klett-Archiv (Manfred Grote); **13.1** Klett-Archiv (Zuckerfabrik digital); **13.2** Klett-Archiv; **13.3** MEV Verlag GmbH, Augsburg; **13.4** Klett-Archiv (Ginger Neumann); **16.2** Deutsches Museum, München; **16.3** Ingram Publishing, Tattenhall Chester; **16.4** AKG, Berlin; **16.5** Mauritius (Nakamura); **16.6** iStockphoto (Roberta Casaliggi), Calgary, Alberta; **17.1a, b** Klett-Archiv; **17.2** Klett-Archiv; **17.3** Klett-Archiv (Ginger Neumann); **17.4** Klett-Archiv; **17.5** MEV Verlag GmbH; **19.1** Mauritius (Cupak); **21.1b, c** Klett- Archiv (Dr. Michael Wagner); **22.3** Klett-Archiv (Johann Leupold); **22.5** Klett-Archiv (Manfred Grote); **23.4** Obi@Otto GmbH, Hamburg; **27.2a** iStockphoto (fabphoto); **27.2b** Klett-Archiv (Georg Trendel); **27.2c** Picture-Alliance (dpa/ZB), Frankfurt; **27.2d** Mauritius (Ypps); **27.3** A1PIX (DUC), Taufkirchen; **28.3** Picture-Alliance, Frankfurt; **29.2a** Klett-Archiv (Zuckerfabrik Digital); **29.2b** Klett-Archiv (Fabian H. Silberzahn); **29.3** Klett-Archiv (Manfred Grote); **31.5** Klett-Archiv (Manfred Grote); **32.1** Jens Werlein, Schwäbisch Gmünd; **32.2** Klett-Archiv (Manfred Grote); **32.3**; **32.4** Klett-Archiv (Zuckerfabrik digital); **32.5** petra-electric, Burgau; **32.6** Mauritius (Josef Kuchlbauer); **36.1** Klett-Archiv (Eckhard Müller); **37.1** Mauritius (Stockphoto); **38.3** bfu 2008, www.bfu.ch, Bern; **39.1a** Klett-Archiv (Fabian H. Silberzahn); **39.1b** FOCUS (Adam Hart-Davis); **39.1c** Klett-Archiv (Fabian H. Silberzahn); **39.1d** Imago Stock & People (T-F-Foto), Berlin; **39.1e** Imago Stock & People (Ulrich Niehoff); **39.2** Okapia (NAS/Darwin Dale), Frankfurt; **39.4** Okapia (Kent Wood); **40.4** Mauritius (Raavenswaay); **41.1** Okapia (Sohns); **41.2** iStockphoto (RF/Kenneth C. Zirkel); **41.4** Getty Images (Petri Artturi Asikainen); **42.3** FOCUS (Adam Hart-Davis); **42.4** Mauritius (Thonig); **42.5** Mauritius (Phipp); **45.1** Mauritius (Rossenbach); **45.2** Globus-Press (DVAG), Köln; **46.1** Klett-Archiv (Wilhelm Bredthauer, Peter Wessels); **46.3** Klett-Archiv (Klaus Gerd Bruns); **46.4** Klett-Archiv (Wilhelm Bredthauer, Peter Wessels); **47.1a, b** Klett-Archiv (Fabian H. Silberzahn); **48.1** Carl Zeiss, Oberkochen; **48.3a, b, c** Astrofoto, Sörth; **49.3** Astrofoto (Bouillon); **50.2a** Astrofoto (Akira Terunuma); **50.2b** Klett-Archiv (Eberhard Theophel); **50.3** iStockphoto (Artur i Agnieszka Steinhagen); **50.4** Klett-Archiv (Manfred Grote); **50.5** Getty Images (Taxi/Steve Bloom); **50.6** Imago Stock & People (Lars Reimann); **53.1** Das Fotoarchiv (Jochen Tack); **54.1** Klett-Archiv (Zuckerfabrik digital); **54.4** Klett-Archiv (Heinz-Joachim Ciprina); **55.2** Klett-Archiv (Manfred Grote); **55.3** Kantonspolizei Bern, Bern; **55.5a** Imago Stock & People (imagebroker/Schauhuber); **55.5b** vario images GmbH & Co.KG (Photostock), Bonn; **56.3a, b**; **56.4** Klett-Archiv (Zuckerfabrik digital); **57.1** Deutsches Museum; **58.2** Jens Werlein, Schwäbisch Gmünd; **58.3** Interfoto (TV-Yesterday), München; **58.4** Karl Storz Endoskope, Tuttlingen; **58.5** Schott AG, Mainz; **59.1a** Klett-Archiv (Peter Anselment); **59.1b** Klett-Archiv (Manfred Grote); **59.3** Klett-Archiv (Manfred Grote); **60.4a, b** Klett-Archiv (Georg Trendel); **60.6** Okapia (Claude Cortier); **61.5** AKG; **61.7** Mauritius (Alfred Albinger); **61.8** Klett-Archiv (Georg Trendel); **62.4a, c** MEV Verlag GmbH; **62.4e** Klett-Archiv (Fabian H. Silberzahn); **63.3** Imago Stock & People (wolterfoto); **63.4** Klett-Archiv (Manfred Grote); **64.1**; **64.2** Klett-Archiv (Manfred Grote); **64.3** Klett-Archiv (Dr. Klaus Stolzenburg); **64.4** Klett-Archiv (Zuckerfabrik digital); **64.5a, b** Klett-Archiv (Manfred Grote); **66.3** Mauritius (Oxford Scientific); **67.1** Mauritius (Alamy David Noble); **68.1**; **68.3** Klett-Archiv (Zuckerfabrik digital); **72.1a, b** Klett-Archiv; **73.1** Klett-Archiv (Zuckerfabrik digital); **74.1** Klett-Archiv; **76.2** Prof. Dr. Heinz Wässle, MPI für Hirnforschung, Frankfurt/M.; **76.5a** www.preiss-walter.de, Röthenbach; **76.5b** Canon Deutschland GmbH, Krefeld; **79.1** Klett-Archiv (Tilmann Traub); **80.1** Reinhard-Tierfoto, Heiligkreuzsteinach; **80.2** Klett-Archiv (Fabian H. Silberzahn); **80.3** Klett-Archiv (H. Janus); **80.4** Mauritius (K. W. Gruber); **80.5** Klett-Archiv (W. A. Müller); **81.1**; **81.2**; **81.3** Klett-Archiv (Manfred Grote); **81.4** Corbis (Craig Tuttle); **81.5** Klett-Archiv (Dr. Michael Wagner); **82.1** Klett-Archiv; **82.3** f1 online digitale Bildagentur, Frankfurt; **;** **84.1** AKG; **84.2** PIXTAL, New York NY; **84.3** AKG; **84.4** FOCUS (SPL/Adam Hart-Davis); **84.5** PIXTAL, New York NY; **84.7** Sächsische Landesbibliothek, Dresden; **84.8** Corbis (Bettmann); **84.9** Deutsches Museum; **84.10** Klett-Archiv; **84.11; 84.12; 84.13** AKG; **84.14** PIXTAL, New York NY; **84.15** MEV Verlag GmbH; **85.1** AKG; **85.2** Klett-Archiv; **85.3** Picture-Alliance (dpa); **85.4** FOCUS; **85.5** Edition Leipzig, Leipzig; **85.6** Deutsches Museum; **85.7** Fotosearch Stock Photography (PhotoDisc), Waukesha, WI; **85.8** Mauritius (SST); **85.9** Picture-Alliance (akg-images); **85.10; 85.11** AKG; **85.12** Apple Computer GmbH, München; **85.13** Deutsches Museum; **85.14** Daimler AG Medienarchiv, Stuttgart; **85.15** MEV Verlag GmbH; **85.16** FOCUS (Terry/SPL/Agentur Focus), Hamburg; **85.17** AKG; **85.18** mediacolor's P & F Müller (bew), Zürich; **85.19** Mary Evans Picture Library, London; **85.20**; **85.21** AKG.

Nicht in allen Fällen war es uns möglich, den Rechteinhaber der Abbildungen ausfindig zu machen. Berechtigte Ansprüche werden selbstverständlich im Rahmen der üblichen Vereinbarungen abgegolten.